U0315274

顶板垮落对回风巷环境瓦斯运移及爆炸影响的研究

付明明 著

北 京

冶 金 工 业 出 版 社

2018

内 容 提 要

本书主要论述了顶板垮落对采空区回风巷侧瓦斯运移规律的影响,揭示了不同来压步距、不同顶板垮落形式影响瓦斯运移迹线及剧烈程度的规律,并结合瓦斯爆炸的机理,指出了顶板垮落对瓦斯爆炸的影响因素。

本书可供从事矿山安全设计以及相关领域的工程技术人员参考。

图书在版编目(CIP)数据

顶板垮落对回风巷环境瓦斯运移及爆炸影响的研究/
付明明著. —北京:冶金工业出版社,2018.1

ISBN 978-7-5024-7594-9

Ⅰ.①顶…　Ⅱ.①付…　Ⅲ.①顶板事故—影响—瓦斯
爆炸—研究　Ⅳ.①TD712

中国版本图书馆 CIP 数据核字(2017)第 232084 号

出 版 人　谭学余
地　　址　北京市东城区嵩祝院北巷 39 号　邮编　100009　电话　(010)64027926
网　　址　www.cnmip.com.cn　电子信箱　yjcbs@cnmip.com.cn
责任编辑　宋　良　美术编辑　吕欣童　版式设计　孙跃红
责任校对　郑　娟　责任印制　牛晓波
ISBN 978-7-5024-7594-9
冶金工业出版社出版发行;各地新华书店经销;固安华明印业有限公司印刷
2018 年 1 月第 1 版,2018 年 1 月第 1 次印刷
169mm×239mm;6.75 印张;151 千字;98 页
25.00 元
冶金工业出版社　投稿电话　(010)64027932　投稿信箱　tougao@cnmip.com.cn
冶金工业出版社营销中心　电话　(010)64044283　传真　(010)64027893
冶金书店　地址　北京市东四西大街 46 号(100010)　电话　(010)65289081(兼传真)
冶金工业出版社天猫旗舰店　yjgycbs.tmall.com
(本书如有印装质量问题,本社营销中心负责退换)

前　言

　　瓦斯爆炸是常见的矿井灾害事故，破坏性巨大，给煤矿正常生产带来非常大的麻烦。矿山安全专业的不少专家学者对瓦斯爆炸进行了深入研究，但是因其反应机理十分复杂，采空区瓦斯爆炸事故尚未得到彻底根除，特别是在来压过程中，瓦斯的运移和爆炸规律还有待进一步研究。

　　本书分析了顶板垮落机理、瓦斯爆炸机理、采空区三带及火源影响因素后，着重从周期性垮落顶板对采空区瓦斯运移影响的角度出发，采用实验室相似模拟和计算机数值模拟的方法，针对不同周期来压步距和不同顶板垮落方式的现场情况，在实验模型中对采空区三带顶板垮落瓦斯运移规律进行了反复实验，得出了一些相关结论，为回风巷侧采空区瓦斯的治理提供了实验和理论依据。

　　通过对实验现象及数据的分析，掌握了不同垮落形式、不同垮落步距条件下的顶板垮落对回风巷侧采空区环境中瓦斯运移影响规律后，可以有针对性地制定顶板来压时，回风巷侧采空区瓦斯的治理风量、风速及其他相关的综合治理措施。这对于防止瓦斯矿井开采来压过程中瓦斯浓度的超限及瓦斯爆炸事故，有重要的指导意义和实用价值。

　　本书在编写过程中，得到了滨州学院李甲亮教授和河北工程大学崔景昆、杨永辰教授的指导，并由滨州学院提供了出版资助，在此表示衷心的感谢！

　　鉴于作者水平有限，书中不当之处，诚请读者批评指正。

作　者

2017 年 9 月

目　　录

1 绪 论

1.1 课题研究的背景

伴随着世界经济的高速发展，煤炭资源的重要地位日益突出，国际市场对煤炭的总需求量逐年攀升。但不幸的是，随着煤炭产量的逐年攀升，我国的煤炭行业矿难事故也是更加的频繁，伤亡人员数目也是愈加的惊人，特别是重大矿难事故的伤亡人数和矿难发生次数仍然是相当惊人。

纵观近几十年的矿难事故，从调查总结分析可以看出，瓦斯事故在全部矿难事故中占有很大的比例，特别是在群死群伤的重大事故中占有很高的比例。

在煤矿生产过程中，伴随着诸多灾害事故，其中瓦斯灾害居于首位，掘进过程中经常发生瓦斯超限及瓦斯爆炸等事故。根据国家安全生产监督管理总局事故查询网站的数据显示，自 2000 年 1 月 1 日至 2016 年 7 月，共计发生瓦斯爆炸 970 起，死亡 8873 人。惨剧不断发生，一次又一次的重大矿难事故，给数万个家庭造成了无法弥补的伤痛，给社会造成了巨大的经济损失，产生了较大的负面影响[1,2]。

为了减少矿难事故的发生，国家煤矿安监总局严厉要求煤矿认真贯彻执行各项安全规程条例，加大管理力度，要求所有生产矿井配备完善的安全监控设施和紧急救援设备。同时不断增大资金投入，加大科研力度，力求从根源上控制矿难的发生。特别是针对瓦斯爆炸引起的矿难，更是作为首要研究的内容。不断地尝试利用采矿学、流体力学、燃烧与爆炸学等方面的专业知识，结合现场情况来分析研究采空区瓦斯爆炸的成因，力求找到瓦斯爆炸的根源，并制定出相应的对策，从而在根源上减少或者杜绝瓦斯事故的发生。

立足上述研究方向，本书在总结前人研究的基础上，从新的方向对采空区瓦斯爆炸的原因及影响因素和影响程度做初步的实验研究。理论分析表明，由于顶板在垮落过程产生的空气冲击波对采空区瓦斯的运移影响很大，对于瓦斯爆炸有着非同一般的影响，所以本书从顶板垮落过程对于采空区瓦斯爆炸的影响这一角度入手，展开实验研究。

1.2 国内外的研究现状

1.2.1 国外研究状况

美国 R. A. Cortese 教授在实验室中研究瓦斯在矿井中的传播时，发现瓦斯和煤尘在障碍物存在的情况下，火焰传播速度增加，火焰的温度也有了较大的升高。前苏联的 E. K. 萨文科系统地总结得出井下空气冲击波在垂直、转弯管道中传播的变化特征，并且应用高等数学的知识将现象转换成了具有指导意义的经验公式。

1.2.2 国内研究状况

河北工程大学杨永辰教授在 2002 年 12 月《煤炭学报》上《关于回采工作面采空区瓦斯爆炸机理的探讨》一文中，阐述了采空区瓦斯爆炸机理，提出了三点新的认识：（1）导致采空区瓦斯爆炸的唯一火源因素是采空区遗留煤炭的自燃发火；（2）煤炭自燃是由于煤炭堆积自燃发火的正反馈作用所致；（3）瓦斯爆炸的动力源是煤炭燃烧时产生的火风压[3]。在 2007 年 7 月，他在《煤炭学报》上《采煤工作面特大瓦斯爆炸事故原因分析》一文中提出：回采工作面顶板垮落过程中，采空区深部所积聚的大量瓦斯被挤出，瓦斯背离采空区，向工作面方向移动过程中浓度发生变化，可能会达到爆炸浓度范围，此时正好遇到了弱渗流区域的着火点，因而产生瓦斯爆炸事故[4]。

北京矿业大学王家臣教授在 2006 年 12 月《采矿与安全工程学报》上《顶板垮落诱发瓦斯灾害的理论分析》一文中指出，在顶板垮落过程中，岩石相互撞击，摩擦生热从而导致岩体温度升高，通过气流的相互传递作用，气流温度升高达到了瓦斯爆炸的温度，而且持续时间大于其感应期[5]。2007 年 3 月，他在《采矿与安全工程学报》上《顶板垮落诱发瓦斯灾害的实验研究》一文中还指出：顶板垮落时岩石间的相互摩擦与撞击所导致的火花可以成为引起采空区瓦斯爆炸的火源[6]。

河南理工大学李化敏教授在 2007 年 11 月《煤炭工程》上《采空区顶板垮落与瓦斯涌出关系的模拟实验研究》一文中，通过实验分析了在不同地质条件（煤层倾角不同、来压范围不同）的情况下，老顶垮落和瓦斯涌出量之间的关系[7]。2009 年 4 月，他在《矿冶工程》上《顶板周期来压与采场瓦斯涌出关系的研究》一文指出在周期来压过程中，工作面瓦斯涌出量增加的原因有二：（1）工作面顶板垮落挤压采空区瓦斯向工作面方向移动；（2）工作面超前支承压力挤压煤体瓦斯，使煤体瓦斯往工作面方向移动[8]。

1.3　课题的研究内容和方法

1.3.1　研究的主要内容

本书在借鉴前人相关研究内容的基础上，结合课题本身的特点，欲从以下几个角度研究顶板垮落过程对瓦斯爆炸的影响：

（1）理论探讨和实验研究采空区顶板在不同垮落方式、不同来压步距垮落时，采空区三带中瓦斯受到顶板挤压后，瓦斯流体场沿工作面推进方向和背离工作面推进方向的变化。

（2）理论探讨和实验研究采空区在不同垮落方式、不同来压步距垮落时，采空区三带中瓦斯在顶板煽动作用下，在离层三角形区域瓦斯的回流现象，以及回流瓦斯场的变化。

（3）试探性地研究采空区在不同垮落方式、不同来压步距垮落时，导致的三带中瓦斯流动，观测和记录在变化过程中与采空区弱渗流带区域中自燃所形成的火源相遇的情况，以及相遇后能否导致瓦斯爆炸的概率。

1.3.2　研究方法

针对上述研究内容，本着尊重科学严谨求实的实验态度，结合现有的实验室条件和技术软件条件，采用了以下几种研究方法：

（1）从力学和矿压角度，深入理解顶板垮落过程，建立力学模型。分析随工作面的不断推进，采空区面积不断扩大的情况下，顶板的垮落形态及其机理。

（2）自行研制试验台，在实验室用相似模拟的方法，模拟不同来压步距、不同顶板垮落方式下的顶板垮落所引起的瓦斯流体场的变化，及时观测记录试验数据和现象，整理分析数据，总结现象所映射的规律。

（3）用 Fluent 软件进行数值模拟。根据要模拟的实际地层条件参数，用Fluent 对瓦斯的运移和变化情况进行数值模拟，根据得出的数据，进行深入研究。

1.4　技术路线

技术路线如图 1-1 所示。

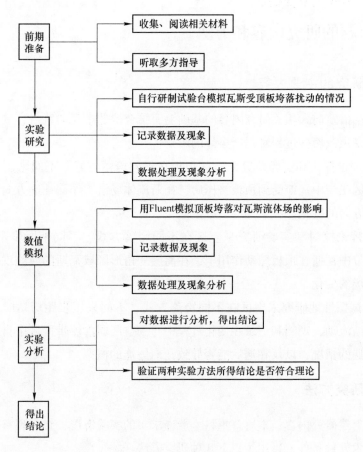

图 1-1　技术路线图

1.5　研究的意义

自煤矿开采有史以来，瓦斯爆炸这一破坏性大机理复杂的灾害就一直困扰着煤矿的安全生产。研究学者们虽然对瓦斯爆炸的预测和防治进行了大量的试验研究，研究成果也在一定程度上对瓦斯的防控起到了一定的作用，但是瓦斯事故还是时有发生。这表明对于瓦斯爆炸这种灾害的许多本质性的东西，目前还没有研究透彻，导致瓦斯爆炸的原因以及瓦斯爆炸过程的诸多机理仍需认真研究探讨。为了真正实现安全生产，避免带血的生产，减少瓦斯爆炸事故给社会和家庭造成的恶劣影响，减少给国家和人民造成的损失，本书从矿山压力和瓦斯爆炸相结合的角度来研究顶板垮落对采空区三带中瓦斯爆炸的影响，是非常有意义的。

1.6 研究目标

通过理论分析、实验室相似模拟以及 FLUENT 数值模拟等研究方法和手段，在已经明确的煤炭自燃位置（是在采空区弱渗流带与两巷的交叉点位置）的基础上，力求深入研究得出，在顶板垮落的扰动下，采空区瓦斯浓度的变化情况以及瓦斯的运移轨迹和规律，争取能够分析出在顶板垮落时，采空区瓦斯绕过顶板远端回旋到顶板上方的变化过程，从中发现瓦斯流体场的变化，以及在变化过程中与自燃发火点的相遇情况，争取确定出在什么具体条件下（例如在何种来压步距、何种顶板垮落方式、产生了何种现象），顶板垮落可以对采空区三带中瓦斯的运移产生明显影响，以及浓度变化瓦斯能否与火源相遇。

1.7 可行性分析

首先，在当前理论研究条件下，利用已经较为成熟的矿压知识和公认的力学知识建立模型，研究顶板垮落对瓦斯流场的影响，从理论分析的角度来展开是可行的；其次，利用 5mm 厚的有机玻璃制作一个长度、高度、宽度可调，底部是泡沫加工体的密封性试验台是可行的；再次，FLUENT 模拟软件应用很普遍，而且模拟效果和可靠性都是经过较多的流体实验验证的，没有什么困难；最后，本课题所选的方向是，在参考前人文献的基础上，有自己的创新，不存在整套理论体系及相关实验完全的生搬硬套，具有一定的研究意义。综上所述，本研究从选题到试验方法都具有可行性。

1.8 本章小结

本章从研究背景、国内外的研究状况、研究内容、采用的研究方法、采取的技术路线、要达到的目标以及可行性等几个方面，简要阐述了主要研究内容是

"采空区瓦斯受到顶板垮落影响后，采空区三带中不同区域的瓦斯流体场的运移和变化将会不同，其浓度范围和运移方向也在发生变化，当达到爆炸范围又运移到弱渗流区域火源处时，便会发生爆炸"这一课题，以及该课题所要研究的机理和诸多相关问题，为下文的展开做好了统领和引导。

2 顶板垮落和瓦斯爆炸机理的简要分析

2.1 顶板垮落机理

2.1.1 采场覆岩运动的基本特征

当采区煤层被开采以后，便形成了无支撑的空间，煤层的上覆岩层及底板岩层失去支撑和载荷，受力发生改变，岩体内部未采动前的力学平衡状态遭到破坏。因此，煤层之上的岩层和底板岩层的运动状态，由原来的静止状态转为不再静止，开始产生一定的移动、变形和破坏，直至达到新的受力平衡。这样的变化过程便称之为岩层移动。

以俯视角度看工作面走向范围的区域：回采工作面从开切眼向前推进，煤层不断被采出，形成空间区域逐渐变大。在此过程中，首先将引起直接顶的变化。一般情况下，直接顶随着采煤工作的进行，随之而冒落。而老顶由于岩性相对较硬，力学平衡结构相对较稳定，尚未发生冒落。但是随工作面的推进，直接顶悬空面积越来越大，当采空区面积达到一定的范围后，沿工作面的推进长度达到顶板的极限垮距时，直接顶岩层在自身重力及其上覆岩层载荷的作用下，第一次大面积垮落，称为直接顶的初次冒落。其标志为：直接顶垮落高度大于 1~1.5m，范围超过工作面长度的一半。在这个过程中，由于老顶（老顶岩块较大，硬度较高，岩性较坚硬）的强度较大，因此并没有随着直接顶的垮落而垮落，而是继续呈悬臂状态，此时可以将老顶视为一端由煤壁支撑、另一端由边界煤柱支撑的固定梁。随工作面的推进，老顶弯矩不断增长，产生的变形和破坏程度逐渐增大，当老顶之上的覆岩载荷大于老顶岩石间的内聚力和内摩擦力时，其内聚力和内摩擦力不足以维持其平衡形态，老顶顶板达到强度极限时，将形成断裂[9]。断裂过程中，由于煤层上覆岩层的物理（力学）性质不同，所以呈现了多种的断裂形态，有压缩引起的横向拉伸破坏（"压裂破断"）；有压缩而引起的"X 剪切破坏"；还有沿 45°角方向的破坏；以及"O"形破坏形态。在多数情况下，呈现为采用长壁式采煤方法时，采煤工作面布置开切眼后，随着开采工作的进行，向前推进一段距离后，煤层上方的顶板失去下方的支撑，开始破坏。最初时刻，老顶可以视为是矩形，在矩形的中央及两个长边形成平行于矩形长边的断裂线 I_1 和 I_2，然后再从矩形短边形成断裂线 II，伴随着断裂线的延伸发展，与最初时刻形成的断裂线 I_1、I_2 相通，最终其他相邻的位置的岩块会沿前面两条线 I 和 II 回转，将顶板分成一块一块的结构 1、2，分块线为 III。中部垮落的老顶接触直接顶冒落的矸石后，垮落减慢。从俯视角度看，老顶初次破断后的形状呈椭圆状，如图 2-1（a）所示。随着工作面的继续推进，顶板出现周期性垮落，断裂线也周期性地出现，如图 2-1（b）和图 2-2 所示。

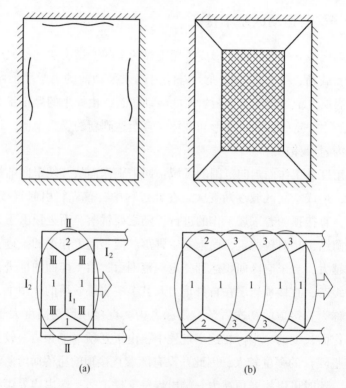

图 2-1　顶板破断形态

老顶的第一次断裂称之为老顶初次来压。之后会呈现随着工作面每推进一定距离后就会垮落一次。这一距离称之为周期来压步距。不同煤层顶板对应不同的初次来压步距和周期来压步距。但当老顶垮落后，老顶之上的岩层便随之产生向下的移动和弯曲，并向上延续。在经过一段时间后，破断所造成的影响将波及地表，引起地表的下沉，在下沉停止后，地表将形成一个沉陷盆地。这个沉陷的盆

图 2-2 顶板周期垮落

地比井下作业面的采空区大得多。由实际现场观测所得的资料，总结出在岩层移动过程终止后，形成具有明显特征的分带，自下而上是冒落带、裂隙带、弯曲下沉带，三带的特征是移动、变形、破坏[10]。

2.1.1.1 冒落带

煤层被采出后，直接顶垮落后充填采空区。如果直接顶比较薄，部分基本顶也可能垮落充填采空区，称之为冒落带。冒落带有以下两种特征：

（1）不规则性：在顶板极为坚硬的情况下，顶板会出现规则冒落。在一般的情况下，顶板冒落没有规律，岩块破碎的程度不同，破断后岩块的形状不规则，因此又叫做不规则冒落带。在不规则冒落带的上部，由于岩块的垮落呈层状，相对比较整齐，所以又叫规则冒落带。

（2）碎胀性：冒落的碎块之间有大量的空隙，体积比原来增大。但是垮落过程会使这种空隙变小，最后小到一定程度就不再变化。随着岩层倾角的不同、停留的高度也不同，碎胀系数的取值也不同。由于煤层存在倾角，直接顶板冒落后形成堆积安息角可能比水平煤层的安息角要小（如图 2-3 所示安息角 $\beta<\alpha$），即直接顶板冒落后形成的碎石充填有效高度较低，不能充填煤层采场采空后的整个空间，碎石不能很好地接顶。因此，在必要情况下应采取措施，在采空区铺设挡板，保证直接顶板垮落后形成的安息角较大，使得垮落岩块能够很好地接顶，起到支撑作用。

冒落带的高度计算时要考虑采高、倾角、岩性以及碎胀系数等多方面因素，而具体到各个矿井时，由于地质条件不同，还应结合实际情况进行合理取值。冒落带高度的计算公式如式（2-1）。

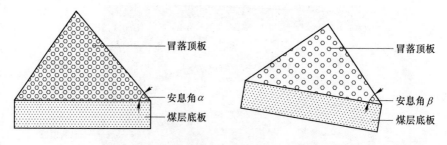

图 2-3　煤层倾角对顶板垮落安息角的影响比较

$$h = \frac{m}{(k-1)\cos\alpha} \tag{2-1}$$

式中　　h——垮落带高度；

　　　　m——煤层采高；

　　　　k——岩体碎胀系数；

　　　　α——矿层倾角。

用上述公式计算的冒高，总结多个矿井的数据后发现，一般为采高的 3～5 倍。当然也存在特殊情况：有时会很小，在垮落过程中看不到冒落岩块的高度；有时会较大，冒落高度会超出最大经验值。

2.1.1.2　裂隙带

垮落带以上的岩层在遭受破坏的过程中，虽然也产生了裂隙，但仍保持原有的层状结构，排列比较整齐，完整性较好，不发生冒落，称为裂隙带。

通常情况下，冒落带上部与裂缝带下部之间无明显界限。裂隙带的高度是不固定的，一般情况下，会随着采煤机推进距离的增大而增大，但增大不是没有限度的，在达到极限高度后，会随着切眼到工作面距离的增大而降低。产生这种特殊现象的原因是，断裂位置上部岩层的受力情况变化了，在侧向受到了压力，使得岩块相互靠近，裂隙逐渐减小。视岩性的不同，裂隙的延展长度和发育情况不同，从而导致了裂隙带的高度不同。

2.1.1.3　弯曲下沉带

三带中位于最上方的是弯曲下沉带，在这一带内的岩层，变化特点不同于下方的两带，只产生整体性的盆底似的弯曲沉降，而并不产生裂隙，但是其移动变形范围可达地表。

这一带内的岩层移动整体性和层状结构保持完好，不会出现裂隙，也不产生离层现象。在这一带内岩石受力也是多种的，导致岩层跟着产生了多种变形，有拉伸也有压缩。这一带内没有间隙，隔水效果比较好。当工作面位置的标高绝对值除以煤层的采出厚度，所得值小于 20 或工作面距离地表小于 100m 时，此时可能没有完全下沉带。

由于这一带内的岩层移动下沉，导致在地表形成了一个盆地。它破坏了地表耕田、建筑物、构筑物等，造成了非常严重的破坏，对生产和生活影响较大，所以要研究对地表盆地采取有效措施，在不影响煤矿正常生产地情况下，减少其破坏。

在地层条件不同、采煤方法工艺不同时，三带出现的情况也不同。有时可能会全部出现，有时则部分出现，有时则都不显现，但是都不显现的情况少见。

需要特殊强调的是，在煤层顶板垮落过程中，由于老顶及其以上的岩层岩性不同，老顶的垮落时间与工作面推进的长度不同而有所不同，起初在工作面推进一定距离后，煤层上方仅在数米范围内的老顶发生破坏，开始变形移动，产生裂隙，逐渐在一定的长度和厚度范围内发生断裂；之后工作面继续推进，在已垮落的顶板上方和前方（沿工作面推进方向为前）继续重复上述的过程。但是在这个重复的过程中，产生了如图 2-4 所示的三角形区域。当三角形区域之上的顶板随工作面推进继续破坏时，三角形区域将受到其上顶板垮落时的挤压，将会不同程度地被压实，三角形区域随之消失，在整个工作面推进过程中，三角形区域出现被压实的现象是周期性的，针对特定的地质条件，还将呈现出特定的状况。

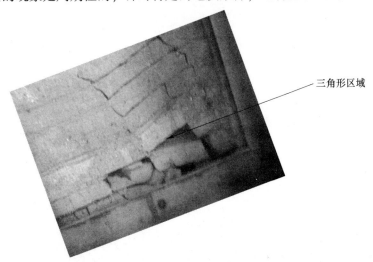

三角形区域

图 2-4 顶板垮落三角区域

2.1.2 采场覆岩结构及力学性质分析

在应力重新分布后，将原岩应力变化不超过 5% 的区域称为原岩应力区（或者成为稳压区）。对应力重新分布后原岩应力变化超过 5% 的区域，根据切向应力的大小，又将变化区域分为增压区和减压区。增压区为该区域内切向应力大于原岩应力的区域，又称为支承压力区；减压区是指该区域内切向应力小于原岩应力的区域，也称为应力降低区。经现场实测和理论分析后，可以得出区域的大体范围，沿工作面推进方向，煤壁前方的原岩应力范围是：大于 15m 的区域，原岩应力变化小，基本不受采动影响；在煤壁 5~15m 范围内，是裂隙较为发育的区域，原岩应力变化较大，超过 5%，属于增压区，受采动影响较大；在煤壁到煤壁前方 5m 范围内是压力降低区。同时要指出的是，煤壁后方采空区范围内，压力区域的分布和前方呈对称式分布，周期来压前的采空区范围是压力升高区，来压步距之外的采空区范围是压力降低区，在压力降低区以外的采空区方向是稳压区。随着周期来压的出现，在垮落范围内应力变化相对减小，是不稳定的区域。工作面继续向前推进，采空区垮落岩石被压实，应力变化减小到 5% 以下，属于原岩应力区，趋于稳定，也称之为采空区稳定区域。煤壁前方和后方都是呈周期性出现的波浪式前进的动态过程。对整个上覆岩层直至地表的整体运动描述主要表现如图 2-5 所示。

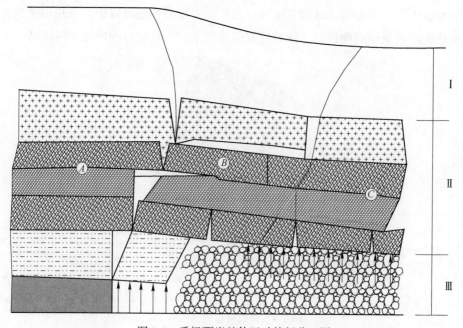

图 2-5　采场覆岩整体运动特征分区图

从图 2-5 可以看出，沿工作面的推进方向（即图中从右向左的方向），A 为煤壁支承影响区，B 为离层区，C 为重新压实区。

岩层移动在煤层法线方向上由上至下可分为整体弯曲带（Ⅰ），裂隙带（Ⅱ）和垮落带（Ⅲ）。

2.1.3 顶板垮落对瓦斯流场的影响

老顶垮落之前，在整个采场范围内的"五区三带"（"五区"沿工作面方向依次分为：原岩应力区、支承压力升高区、应力降低区、支承压力升高区、原岩应力区；"三带"沿垂直于工作面推进方向的剖面内依次分为：冒落带、裂隙带、弯曲下沉带）岩层处于受力平衡状态，采空区的"三带"界限变化不大，"五区"内瓦斯浓度由煤壁向采空区逐渐增大升高。然而当老顶大面积垮落时，扰乱了整个"五区三带"的平衡状态。各界限被打破，随之而来的是扰动了原瓦斯场的分布，原位置处瓦斯浓度也将发生变化[11]。垮落伊始，老顶在距离煤壁的远端最先开始下落。由于老顶下落压缩了老顶下面的空间，原来位于顶板下方的瓦斯的体积变小，压力变大，气体受到老顶压迫而向工作面方向移动。在老顶上部裂隙内，由于老顶的下落出现离层，而且空间逐渐变大，瓦斯体积逐渐变大，压力逐渐变小，形成顶板上方范围内的负压。这就是说，在老顶回转垮落的作用下，采空区深部的高浓度瓦斯在老顶最初下落的时刻，是向工作面推进方向移动的。当老顶下降到一定高度后，老顶与上方紧挨的顶板之间的空间增大。在这一空间内，由于体积瞬时增大，压力减小，因此这一空间内相对于工作面区域内的其他空间呈现了负压的作用，老顶下部接近底板的瓦斯将有部分绕过老顶自由端与垮落矸石间的缝隙，回旋到老顶上部空间，向顶板上方煤体方向移动；碰到顶板后会再次折返，气体又开始向采空区方向移动。当老顶完全接触到已冒落的直接顶矸石后，老顶下落自由端有了支撑时，受力状态初步达到平衡，老顶上下部的瓦斯压力也重新达到平衡。通过对以上老顶下落过程的分析可以发现，采空区瓦斯浓度在老顶垮落的动态过程中，受到老顶下落时的扰动作用，一直处于动态变化中。在距离工作面远端的采空区域内的瓦斯，受到顶板的扰动作用后，在运移回转过程中，其浓度是降低的[12]。降低后的浓度可能小于瓦斯爆炸的上限（16%），处在瓦斯爆炸的浓度范围内，在遇到火源时便可以产生爆炸；而距离工作面近的采空区域内的瓦斯，受到顶板扰动作用后，在沿工作面方向的运移过程中，其浓度是不断增大的，增大后的浓度可能大于瓦斯爆炸的下限（5%），升高到瓦斯爆炸范围内。因此，当高、低浓度的瓦斯在动态变化过程中，在流经上下两巷不同位置的发火点时，在温度较高的情况下，一旦处在适宜爆炸浓度界限内，便会引起瓦斯爆炸。

2.2　瓦斯爆炸反应方程式

瓦斯爆炸是甲烷（甲烷为主，还有一氧化碳、硫化氢等可燃气体和部分不可燃气体的混合气）和空气组成的爆炸性的混合气体，在火源条件下，当甲烷浓度达到 5%~16% 时，发生的一种非常迅猛的氧化反应，反应后产生高温高压，造成较大破坏的现象。其化学反应方程式为：

$$CH_4 + 2O_2 \Longrightarrow CO_2 + 2H_2O$$

$$\Delta_r H_m^\ominus = +882.6 \text{ kJ/mol} \tag{2-2}$$

或

$$CH_4 + 2\left(O_2 + \frac{79}{21}N_2\right) \Longrightarrow CO_2 + 2H_2O + 7.52N_2$$

$$\Delta_r H_m^\ominus = +882.6 \text{ kJ/mol}^{[13]} \tag{2-3}$$

从以上化学方程式可以看出，混合气体中的氧与甲烷都全部反应时，1 体积的甲烷要同 2 个体积的氧气化合，即 1 个体积的甲烷要同 $2+7.52=9.52$ 个体积的空气（混合气体中氮气体积在空气中占 79%，氧气占 21%）化合。这时甲烷在混合气体中的浓度为，$\frac{1}{1+9.52}=9.5\%$。因此可以得出，在瓦斯浓度为 9.5% 时，爆炸最为猛烈。

上式反应的是甲烷在发生爆炸时，一系列复杂联锁反应的最终结果，还不能反映出在整个爆炸过程中的反应机理。实际上，爆炸是一系列链式反应的综合过程。链式反应一般由以下几部分组成：链起始、链传递、链分支以及链破坏或者链终止。甲烷在较低温度下氧化的简单历程如下所示：

$$CH_4 + O_2 \xrightarrow{1} \dot{C}H_3 + \dot{H}O_2 \qquad\qquad 全链起始 \tag{2-4}$$

$$\left.\begin{array}{l} \dot{C}H_3 + O_2 \xrightarrow{2} CH_3O + \dot{O}H \\[2mm] \dot{O}H_3 + CH_4 \xrightarrow{3} H_2O + \dot{C}H_3 \\[2mm] \dot{O}H + CH_2O \xrightarrow{4} H_2O + \dot{H}CO \end{array}\right\} \qquad 全链传递 \tag{2-5}$$

$$CH_2O + O_2 \xrightarrow{5} \dot{H}O_2 + \dot{H}CO \qquad\qquad 全链分支 \tag{2-6}$$

$$\left.\begin{array}{l} \dot{H}CO+O_2 \xrightarrow{\ 6\ } CO+ \dot{H}O_2 \\[2mm] \dot{H}O_2+ CH_4 \xrightarrow{\ 7\ } H_2O_2+\dot{C}H_3 \\[2mm] \dot{H}O_2+CH_2O \xrightarrow{\ 8\ } H_2O_2+ \dot{H}CO \end{array}\right\} \quad 全链传递 \qquad (2-7)$$

$$\left.\begin{array}{l} \dot{O}H \xrightarrow{\ 9\ } 器壁 \\[2mm] CH_2O \xrightarrow{\ 10\ } 器壁 \end{array}\right\} \quad 全链终止 \qquad (2-8)$$

在常温条件下，没有火源点的情况时，即便是甲烷能够反应，但是其反应的能量也是非常小的，不足以形成燃烧；但是当火源存在的情况下，火源点附近的甲烷和空气燃烧时，反应的能量增大很多，倘若瓦斯浓度范围正好处在 5%～16%之间时，便可形成爆炸[14]。

当温度较高时，甲烷的燃烧过程还包括 CO 进一步氧化成 CO_2。这一反应只是在高温条件下产生的，如果不是高温，则不会产生这一反应[15]。

2.3　瓦斯爆炸产生的能量

瓦斯爆炸后产生的能量是伴随瓦斯与空气中的氧气的化学反应而释放的，每 1kg 瓦斯完全燃烧会释放 55MJ 的热量。当瓦斯浓度达到 9.5%时，$1m^3$ 瓦斯和空气的混合气体，如果点燃爆炸，释放出的热量相当于 0.75kg 炸药爆炸后释放的热量[16]。瓦斯爆炸如果没有空气中氧气的参与是不可能实现的。所以说，瓦斯爆炸释放能量的多少受许多种因素的影响，如瓦斯浓度、是否与瓦斯空气均匀混合、周围环境状况等。由于现实状况中各种施工因素的限制，在现有的井下巷道支护水平和条件下，如果发生瓦斯爆炸的话，其能量的释放率一般可达到完全释放的总能量的 50%～70%之间。

瓦斯爆炸能量的释放速率比炸药爆炸要小得多[17]。

爆炸的特征时间 t_B 用下式定义：

$$t_B = R_e/v_R$$

式中　R_e——爆炸源的特征尺寸，m；

v_R——爆炸的速度，m/s[18]。

2.4　瓦斯爆炸所需要的条件

上述瓦斯的反应过程虽然复杂，但反应速度并不很慢，产生的能量巨大，传播速度非常快，造成的灾害非常恐怖。根据反应方程可知，瓦斯爆炸需要以下几个条件：首先是需要爆炸源——适宜浓度的瓦斯；其次是瓦斯的浓度范围为 5%~16%，最易产生爆炸和爆炸后产生能量最大的浓度是 9%；再次是温度——火源条件下的热量积累且积累到瓦斯爆炸的着火点温度；最后是必须有助燃剂——较为充足的氧气，且须保证反应所需的必要时间[19]。

2.5　本章小结

本章主要叙述了采场覆岩的基本垮落规律以及垮落过程中的力学分析；瓦斯爆炸机理；垮落对采空区瓦斯的干扰等顶板方面的相关知识；介绍了瓦斯爆炸机理及瓦斯爆炸产生的巨大能量和瓦斯爆炸所需的三个基本条件。

3 采空区三带的划分和煤炭自燃形成火源的机理研究

3.1 采空区自燃"三带"分布和煤炭自燃的位置

对于采空区三带准确位置的定位，是人们一直以来探讨的问题，许多学者通过实验室试验、计算机数值模拟、理论分析推导等方法，并结合所研究的矿井的实际地层赋存条件，对采空区"三带"进行了划分。由于各个矿井地质条件不同，因此采用的研究方法也不完全相同，对采空区"三带"划分结果也不同。归纳起来，大概有以下四类[20]。

A 第一类划分

第一类采空区"三带"划分如图 3-1 所示。靠近工作面的是强渗流区，紧接着（由煤壁向采空区方向）分别是弱渗流区和窒息区。新鲜风侧的强渗流区宽度比乏风风流侧宽度要大，而且根据划分曲线斜率来看，从进风侧到回风侧，斜率是先小后大，因此曲线的凹凸程度的变化速度是先慢后快。而弱渗流区在新鲜风流和乏风风流两侧的宽度基本不变，变化趋势也基本保持一致。在弱渗流区的后面全部为窒息区。

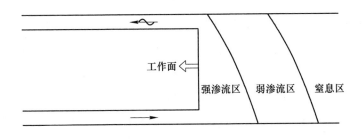

图 3-1 第一类三带划分

B 第二类划分

第二类采空区"三带"划分如图 3-2 所示。与第一类划分相比较，同样是靠近工作面的第一区域为强渗流区，紧接着向采空区方向分别是弱渗流区和窒息区，进风侧的强渗流区宽度比回风侧大。但是，两者不同的是从新鲜风流一侧到乏风风流一侧，划分曲线的斜率是先大后小，所以曲线宽度凹凸变化速度是先快后慢。弱渗流区宽度也呈现了基本不变的趋势，在自燃带的后面同样全部为窒息区。

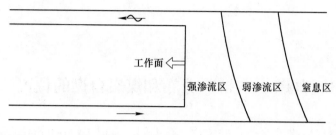

图 3-2　第二类三带划分

C　第三类划分

第三类采空区"三带"划分如图 3-3 所示。该类方法将采空区划分为散热区、氧化升温区及窒息区。其中，散热区和氧化升温区都另有两部分区域。

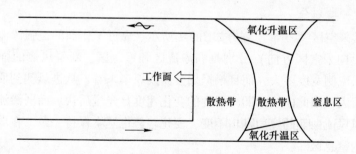

图 3-3　第三类三带划分

从新鲜风流一侧到乏风风流一侧，划分曲线的斜率是先增大，后变为负值后反向增大。紧靠工作面的散热区宽度是先增加到最大值后开始减小，且增加的速度小于减小的速度，即从进风巷到最大宽度位置所对应的工作面位置的距离大于此位置到工作面回风巷的距离。由于散热带区域距离工作面最近，在进、回风巷两巷压差作用下，有较强的风流通过，将通过区域中的热量都带走，所以在这个区域中不会有煤炭自燃发火。紧挨着这个区域的采空区中部的一个区域也归结为散热带，是因为在采煤作业过程中此位置所遗留的煤炭量少，煤炭堆积的厚度较小，本身产生的热量就少，所以没有多少热量积聚。在采空区后部原来两巷的位置处是氧化升温区，但是进风侧的该区域面积大于回风侧对应部分的面积，而且越往采空区走该区域的面积越大。除了距离工作面最近的散热带和采空区中部的两个氧化升温区和一个散热带以外,再往采空区方向延伸就全是窒息区。

D 第四类划分

第四类采空区"三带"划分如图3-4所示。靠近工作面的是强渗流区,紧接着的分别是弱渗流区和窒息区。新鲜风流一侧的强渗流区宽度比回风侧大,而且从进风巷到回风巷,巷道宽度先增大到最大值后再行减小。弱渗流区宽度变化趋势与散热带保持一致。同前面三类不同,在弱渗流区的后面全部为窒息区,窒息区的起点也和前面所述的三类不同。

以上四类划分方式,有明显的不同之处,但是却有一共同的特点,即进风巷一侧的弱渗流带起始位置和终止位置距工作面煤壁的距离,要大于回风巷一侧的相应距离[21]。

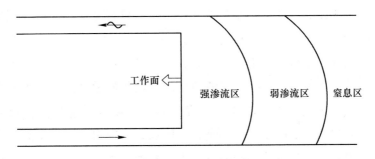

图3-4 第四类三带划分

3.2 采空区自燃影响因素

3.2.1 采空区"三带"分布规律分析

由于矿井的地质条件、地层赋存状态的差异和具体采煤工艺的不同,因此,工作面的回采率也不同,落在采空区的煤炭数量也不一样,最终导致了煤炭堆积的厚度也有较大差异。采空区的煤炭堆积厚度 h 与煤炭产生自燃时的临界厚度 $h_{\min}$ 有着较为密切的联系,下面利用这两个值大小关系的对比,对"三带"中呈现的分布规律进行分析。

3.2.1.1 $h \geqslant h_{\min}$

当 $h \geqslant h_{\min}$ 时,前面提到的划分中的几个区域是否可以发生煤炭自燃,取决于空气中氧气的浓度以及通过工作面的风流向采空区渗漏的程度。距离工作面最近的这一分带内，采煤过程中落下的煤炭不能自燃，是因为漏风强度过大，落下的煤炭缓慢氧化后产生了一部分热量，但是这部分热量不能在小范围内进行积聚，达不到煤炭自燃要求的能量。比较漏风强度的大小可以发现，进风巷与回风巷的大小差不多，而在两者之间的工作面中部位置则要小一些；再就是考虑到工作面所对应的采空区浮煤氧化散热，风流流经工作面时，将热量带到了回风巷，因此回风巷一侧的风流温度比进风巷一侧要高，同时工作面在采煤过程中所释放的瓦斯也随着风流流经回风巷，所以结果是瓦斯混合气体的浓度在回风巷一侧要比进风巷一侧高，因而散热带的宽度沿着进风巷到回风巷的路线一点点减小。分析窒息带不能有煤炭可以自燃，主要是因为该带内空气中的氧气浓度小，不能提供反应所需要的氧气。如第 2 章所讲的瓦斯爆炸机理中的方程式一样，氧气浓度过小，链式反应不能进行完全，能量级别达不到煤炭自燃的数量级，所以窒息带的煤炭不能自燃[22]。沿着进风巷到回风巷的路线比较氧气浓度，呈现出越来越小的趋势。进风巷位置附近最大，工作面中部位置对应的采空区较大，而在回风巷位置附近氧气的浓度最小。再结合上述的分析可知，氧气不足，则不能够产生煤炭自燃，便可以将此位置归结为窒息带。所以，从与工作面的距离大小来看，回风巷位置附近进入窒息带的距离最小，中部位置其次，进风巷一侧距离最大。弱渗流带被强渗流带和窒息带夹在中间。当具备采空区瓦斯浓度较高和浮煤缓慢氧化产生的热量较大两个条件时，采空区"三带"的曲线形状与图 3-1 描述的类似；不具备上述两个条件时，曲线形状与图 3-2 描述的类似。

3.2.1.2　$h < h_{min}$

当 $h < h_{min}$ 时，采空区煤炭自燃发火的"三带"曲线形状如图 3-5 所示。在工

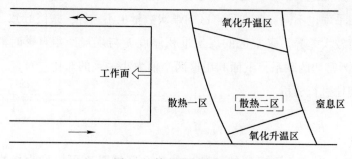

图 3-5　第五类三带划分

作面中间位置遗留的煤炭将不能自发燃烧，但是在进风巷位置附近和回风巷位置附近的煤体由于上覆岩体载荷的重力作用，垂直方向上压缩煤体，部分煤体片帮落到刮板输送机机头机尾附近的位置，这样一来在机头机尾位置丢落下的煤和工作面采煤过程中落下的煤，堆积后的总厚度一般情况下要比煤炭能够自燃时所需的临界厚度大，所以说在这两个位置附近存在着自燃的潜在危险，并且这两个位置的区域大小，和离工作面越远周期来压步距越大有着密切关系。前面两个条件越远越大，则这两个位置区域越大，否则相反。这种划分方法将强渗流区称为散热区，而且在该区内又划分了一区和二区。之所以称之为散热一区，是由于此区域内漏风强度较大，其曲线的走向与图 3-2 中的散热带曲线走向基本一样。二区不同于一区，主要特点是浮煤厚度过小，只能够释放出少部分的热量，虽然热量少，但是风流强度和一区相比较弱，所以带不走产生的热量，仅仅是靠流经相邻区的弱渗流区的风流带走部分热量。

以上较为全面总结了采空区三带划分中的几种方式，而河北工程大学杨永辰教授经多年的研究，提出的"高概率自燃爆炸区"概念，也同样得到了同行的认可。他将原来定义的整个采空区为发火区域，缩小到采空区内"U"形带与两巷弱渗流区的交叉区域上。在这一"高概率自燃爆炸区"内的发火点，并不是持续出现、一直存在的，而是间断地周期性地出现，只有当发火点与弱渗流区域重合时，才可以形成"自燃爆炸区"，即通常所说的自燃发火区域。

回采工作面采用全部垮落法管理顶板时，结合采空区遗煤的自燃情况，在工作面推进方向上将采空区分为 3 个带，俯视图如图 3-6 所示。

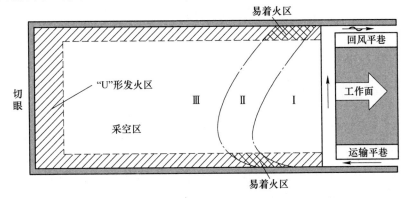

图 3-6　综放工作面自燃发火区域划分

Ⅰ—强渗流带；Ⅱ—弱渗流带；Ⅲ—窒息带

Ⅰ——强渗流带：是指风流能在进风巷和回风巷之间风压压差的作用下，在采空区垮落后的岩石缝隙中形成流动的区域。在该区域内，虽然看似满足煤能够自燃的条件，但是该区域内风速较大，垮落的矸石还没有完全被压实，间隙较大，风流可以比较顺利地通过，同时将瓦斯气流和积聚产生的能量带走。因此，判断在该区域不会发生瓦斯爆炸。同时指出，在一般情况下，由于新鲜风流自进风巷穿过工作面后带走了工作面释放的瓦斯成为乏风，到达回风巷时瓦斯浓度增大，特别是上隅角瓦斯浓度增大。因此，工作面进风巷端头处的强渗流区域范围要比回风巷端头处的强渗流范围大。从工作面往采空区方向来计算，进、回风巷的强渗流区域一般为 3~10m，平均为 6.5m。这个数值是个理论分析值，现场采空区是否完全在这一范围还有待研究。

Ⅱ——弱渗流带：是指在工作面两巷风压压差的作用下，能产生微弱缓慢渗流的区域，与强渗流带相邻，但是更靠近采空区，与强渗流带并没有完全的清晰的界限。然而正是由于风流在该区域的缓慢流动，带来了以下 3 种结果：（1）为弱渗流带的遗留煤炭的自燃反应提供了所需的氧气；（2）由于并没有把煤炭自燃产生的热量带走，没有影响煤炭自燃的聚热条件；（3）发火点煤炭在氧气不充足的条件下自燃产生的是一氧化碳，弱渗流区的风流为一氧化碳的扩散提供了场所和动力。由于一氧化碳的扩散，致使采空区内的非发火区域内也充满了有毒有害气体。这种现象给人们一种假象，误认为是在整个采空区内全部发火，而实际上并非如此，真正的发火点只是在回采巷道附近。造成这种假象的原因是，发火点的有毒有害气体，在采空区弱渗流带的风流作用以及气体自身扩散作用下，移动到了非发火区域所致。

Ⅲ——窒息带：指风流十分微弱或者消失的区域，在该区域氧气已经无法到达，即使该区域有遗留的煤炭，且达到了聚热条件，也会由于缺氧而停止燃烧[23]。

综上，煤炭自燃发火的位置是图 3-6 中所示线条相交的斜影区域的易着火范围。

需要特殊说明的是，在实验室相似模拟三带划分时，得出的进风巷一侧强渗流带的起始点的位置与工作面的距离比理论值要大；而回风巷一侧的强渗流带的范围与理论计算值基本一致，因此在进风巷一侧的采空区三带划分的范围还有待进一步研究确认。所以本章也并不对进风巷侧的三带瓦斯运移情况做详细的说明。实验如图 3-7 所示。

图 3-7 两巷三带划分实验

3.2.2 煤炭自燃是瓦斯爆炸的火源

通过对瓦斯爆炸事故的调查统计，分析国有大型矿井的采掘、运输、供电、通风、安全监控等生产系统，结合当前经典的采空区自燃发火的区域理论和瓦斯爆炸的机理，认为瓦斯爆炸的火源是煤炭的自燃[24]。如果采空区瓦斯发生爆炸，那么一般呈现为气态爆炸介质。爆炸需要三个条件，即可燃气体瓦斯、充足的氧气以及火源[25]。对于采空区而言，具备了瓦斯，在弱渗流带也有较为充足的氧气（而且气流不是很强，不会把产生的热量给带走，不会造成热量无法积聚的现象），具备了前两个条件，能否发生爆炸就主要取决于是否有火源。在采空区内不可避免地会有遗煤，其在适宜的条件下，可以自燃。这些遗煤的自燃可以在一定的条件下产生瓦斯爆炸或燃烧，并且沿回风巷上隅角瓦斯易积聚带向外传导，同时在爆轰波的强烈作用下，将上下两巷及工作面的松碎垮落煤炭被吹起形成煤尘，进而形成能量更大的煤尘瓦斯爆炸带，传导至正在工作的作业面，造成人员伤亡和设备损坏。通过以上内容可以判断，不管是瓦斯爆炸还是煤尘爆炸，最初的火源均是遗留在采空区的煤炭自燃所致，同时可以进一步分析出采空区煤炭自燃是瓦斯爆炸的唯一火源[26,27]。具体分析如下。

在矿井实际生产作业过程中，采空区没有了利用价值，不需要再支撑，随着开采的进程，上方的岩块垮落下来充填了此区域，所以这部分区域内都是碎落的石块，不具备人员出入的空间条件，进而这个区域不会有因人员的进入带进来的明火。除了这种可能，还有两种可能产生火源：遗留在采空区内的煤炭自燃发火以及顶板岩石垮落过程中的摩擦碰撞产生的火花[28]。这两种可能中，后一种可能存在的概率很小，更不太可能导致瓦斯爆炸，因为直接顶岩层受到超前支承压力压缩和采动过程的影响最大，所以较为破碎，因此在采煤之后，垮落时直接顶的岩石间的相互摩擦阻力很小，可以忽略空气阻力，因此下落时不需要克服阻力，直接做自由落体运动。所以在直接顶岩块达到底板的瞬间所具有的动能最大，如果和底板岩石发生碰撞，此时的垮落碰撞最剧烈，产生的热量也最大。这种情况下最有可能产生火花。但是直接顶是随着工作面推进随采随冒的，时间很短，根据采空区自燃发火"三带"划分理论，这部分随采随冒，冒落后能够产生火花的这部分区域正好处于强渗流带内，风流强度较大，工作面涌出的瓦斯被风流带走，不具备瓦斯积聚的条件。在这一区域内，无可燃爆炸性气体存在，所以在这个范围内不能产生瓦斯爆炸。而由工作面向采空区方向延伸，进入弱渗流带范围后，该范围虽然具备积聚瓦斯的条件，但在这一区域内顶板的直接顶的垮落过程已经完成，不存在直接顶垮落时所具有的能量，所以碰撞底板岩石产生火花的条件不具备。而对于老顶而言，虽然其也下沉，但岩块之间相互绞接，以砌体梁的形式下沉，速度小，垮落时撞击岩石产生的能量小，不会由于撞击摩擦产生火花。因此在该弱渗流区，没有火源的条件，所以也不能产生瓦斯爆炸。对于窒息区而言，没有气流通过，不具备燃烧所需的氧气这一条件，所以即便是在偶然情况下有撞击火花，也不可能产生瓦斯爆炸。综上所述，由煤层顶板垮落相互摩擦和碰撞火花引起采空区瓦斯爆炸的说法不合理，排除了人为因素和顶板碰撞垮落因素产生火花的可能，那么爆炸的火源因素只能是煤炭的自燃发火[29]。

3.2.3　煤炭自燃的过程

前面讲到煤炭自燃是采空区发火的唯一火源，而煤炭的发火过程是一个相对较为复杂的连续的过程，分为三个时期，即潜伏期、自热期和燃烧期[30]。三个阶段是依次的、有先后顺序的，中间不能出现跳跃的，不可能越过其中的某个时期进入下一时期。在掘进巷道或者掘开切眼的过程中揭露了煤炭，之后煤炭暴露在井下空气中，从这个暴露的时刻到煤炭和空气中氧发生燃烧反应的时刻，这一段时间段称为煤炭在这种条件下的自燃时间。需要特别说明的是，由于现在采用的都是长壁式开采方法，工作面具有较大的长度（较短的在100m左右，长的在200m以上甚至更长），所以即便是同一工作面，在刮板输送机机头和机尾位置两处的煤壁相距200m左右，则当采煤机割完机头位置的煤炭后，运移到机尾时，机头处的煤炭已经暴露了相当一段时间，所以不能一概而论说整个工作面的煤炭的自然发火期，而应当对应到每个具体的位置。如果没有大的地质构造和夹矸的影响，同一工作面的煤炭的自然发火期应该相差不大。根据巷道施工的顺序可以知道，先掘进两巷，到切眼位置，之后再成切眼，如此一来，在同一工作面内，回采巷道与切眼交叉位置附近的煤体最先暴露。在切眼与两巷的交叉位置的煤体缓慢氧化的时间最长，最易自燃，（但是并非说此位置的煤就一定会自燃）。分析煤矿生产作业中，总结出可能出现以下三种可能的情况：第一种是在采煤机割煤之前，三个自燃发火的条件（氧气、热量、煤炭）都已经具备，如果这种可能存在那么将会在已经掘进好的巷道内发生火灾；第二种可能是采煤机割煤前，不完全具备自燃发火的三个条件，但是在采煤机割煤后，推进一定距离后，顶板出现了周期性垮落，达到了自燃发火的条件，如果这种可能发生的话，将会在采空区发生火灾；第三种可能是煤炭随着巷道施工被揭露后，就进入三个时期中的潜伏期，但由于所需的自燃发火时间长，采煤机割煤推进相当长一定距离后，开采过程中遗留的煤炭也随着变为采空区的遗煤，因此会由潜伏期发展到自热期，或者部分持续在潜伏期，位置变化为窒息区后，就没有了氧气，不能够全部满足自燃条件，不能产生自燃，没有火源因而也不会发生瓦斯爆炸。由此可知，氧气是煤炭自燃发火的必不可少的条件，但并不是充要条件。因为此时，煤炭自燃所需要的热量能否积聚到自燃发火所需要的程度，也决定着煤炭是否能够最终发生自燃。热量和煤炭燃烧两者之间是相辅相成、相互促进的。当堆煤时间久了，没有气流则会导致煤炭内部温度升高，然后导致氧化速度加快，而后温度继续升高，最终达到着火点，产生自燃。在这一过程中产生大量气体，形成高压气团，根据压力平衡和气体分子扩散原理可知，高压气团会逐渐向上向外传导扩散，在传递过程中同时携带热量到了别的位置。其他位置的煤炭吸收高压气团中的热量后，自身的温度升高，进而加快自身的氧化。氧化加快后又产生更多的热量，又反过来促进了煤炭的进一步氧化，加快其氧化速度。在此过程中，还可能发生另一过程，即在火风压的作用下，可能在发火区与非发火区之间形成慢速涡流带。由于发火区和非发火区之间存在温度差，因此，在涡流带内，形成了热量对流交换。这样里外共同升温，相互促进，直至燃烧，从而形成了"煤炭自燃正反馈"。遗留的煤炭会堆积在一起，堆积后只有表面的煤炭可以和垮落的矸石表面接触，矸石的温度低，接触后由于两者间存在温差，所以会进行热传导，煤堆表面的部分热量传递给矸石，除了传导作用之外，还有在气流流经煤堆时，会带走一小部分热量，导致煤堆的温度降低。

在上述能量交换和气体循环的过程中，高压气团的作用有两个，既是热量交换的动力，也是气流交换过程中的动力。而煤炭在自燃时产生的 CO 在火风压形成的过程中占有重要角色，在空气对流过程中起着关键作用。CO 是碳和氧气反应时，氧气不足的产物。CO 刚生成时温度较高，分子质量比空气小，所以含有CO 的混合气体具有向上部空间运动的趋势，这便是火风压。在火风压形成后，使得气流的方向，上升方向成为主流方向，气流和矸石的热传递伴随着气流的上升过程一起发生。当气流速度大时，热传递慢；当气流速度小时，热传递的能量多。发生完了热传递后，气流的温度因为热量的减少而降低。气流温度降低后，上升的势头减弱，也就是火风压减弱，随之气流运动的速度减小，直至气压上下平衡，没有压差，火风压作用停止，气流也随之停止热传递。在热传递过程中，能量减少的空气温度降低，但是受到紧随其后的反应产生的上升热气流的推动作用的影响，而上方有矸石阻挡，所以气流方向会变向，会在一定高度沿着背离火源的方向移动。在这个背离火源与火源有一定垂直距离的方向运动的过程中，气流会和沿途经过的矸石发生热传递，传递过程中能量减少，速度减小，但是体积也随之变小，导致了密度大于空气密度，不会再浮在上方，会向下运动。速度向下，具有动能。当火源在上升的那段过程中时，体积变大，压力变小，因此在与火源同一高度的附近位置会形成相对于其他位置的压力降低区，在压力平衡和分子扩散两种力的作用下，另一侧下降的冷空气会补充到这个压力降低区内。整个循环往复的过程如图 3-8 和图 3-9 所示。根据上述分析可知，火源在这个循环过程中起到了两个作用：第一种作用是在火源附近使空气产生涡流，也是上升气流

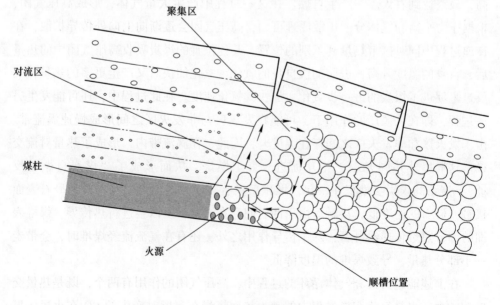

图 3-8 气流循环

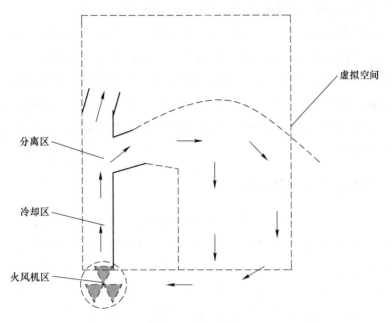

图 3-9 虚拟空间

的动力源，起到了局部通风机的作用；第二种作用是使 CO 在高位岩缝裂隙空间中积聚，伴随着 CO 不断地积聚，CO 也在不断地下移。当下位处的温度和浓度达到爆炸范围时，就形成了爆炸。

3.3 顶板垮落影响下，瓦斯的涌动与火源点的关系

顶板垮落时，顶板下方所对应的采空区瓦斯既会沿着工作面方向移动，也会向着采空区方向移动。向采空区移动时，会与前一周期来压所垮落的矸石发生碰撞产生回旋，即向老顶砌体梁结构的三角区域运移。向采空区方向运移时，采空区方向内的瓦斯浓度增大，同时造成垮落顶板上方空间的瓦斯浓度降低。工作面范围瓦斯浓度的增大，可能会增大到爆炸浓度范围；采空区瓦斯浓度的减小，也可能会减小到爆炸范围，但是能否爆炸，还取决于与火源点的相对位置关系。

3.3.1 向工作面方向的瓦斯

当涌向工作面方向的瓦斯运移到自燃发火三带中的弱渗流带与两巷的交叉区域时，如果瓦斯的浓度正好处于爆炸范围 5%～16% 之间，那么将会产生瓦斯爆炸；如果瓦斯浓度低于 5% 或者高于 16%，那么都不会产生爆炸。需要说明的是：

当瓦斯浓度为9%时，最易爆炸，且爆炸产生的能量最大。

当涌向工作面方向的瓦斯运移到三带中的窒息带时，在窒息带内没有火源点，因此不管瓦斯浓度是否达到爆炸范围5%~16%之间，瓦斯都不会爆炸。

当涌向工作面方向的瓦斯运移到三带中的强渗流带时，在强渗流带内气流强度大，瓦斯不宜积聚，瓦斯浓度达不到爆炸范围。因为强渗流的作用，不断地带走瓦斯，补充新鲜风流，不会使瓦斯浓度积聚到爆炸范围5%~16%内，所以也不会产生瓦斯爆炸。

3.3.2　向采空区方向的瓦斯

当沿采空区方向运移的瓦斯运移到弱渗流带时，如果瓦斯的浓度正好处于爆炸范围5%~16%之间，那么将会产生瓦斯爆炸；如果瓦斯浓度低于5%或者高于16%，那么都不会产生爆炸。

当沿采空区方向运移的瓦斯运移到窒息带时，在窒息带内没有火源点，因此不管瓦斯浓度是否达到爆炸范围5%~16%之间，瓦斯都不会爆炸。

当沿采空区方向运移的瓦斯运移到窒息带产生折返后，若能进入到弱渗流带内，且瓦斯浓度达到爆炸范围5%~16%之间，又遇到了弱渗流带的火源点，在弱渗流带氧气较为适宜的条件下，便会发生瓦斯爆炸。

当沿采空区方向运移的瓦斯运移到窒息带产生折返后，若能直接进入到强渗流带内，也不会产生瓦斯爆炸，原因也是在强渗流带内气流强度大，瓦斯不宜积聚，瓦斯浓度达不到爆炸范围。因为强渗流作用，不断地带走瓦斯，补充新鲜风流，不会使瓦斯浓度积聚到爆炸范围5%~16%，因此不会产生瓦斯爆炸。但是在运移过程中，由窒息带经过弱渗流带到强渗流带时，可能产生瓦斯爆炸。

瓦斯能否产生爆炸，不仅要考虑瓦斯浓度是否处于爆炸范围内，而且要考虑这一适宜浓度的瓦斯与到达爆炸着火点的火源能否完全相遇。对于这个相遇的位置在回风巷是否处于弱渗流带内，具体的定量范围还受到顶板岩性、采煤厚度、开采速度、顶板高度等因素的影响，需要视具体的地质条件而具体分析。

3.4　本章小结

本章主要叙述了采空区瓦斯气流场三带的各种划分情况，以及主要依据的划分方式；其次详细解释了为什么说采空区瓦斯爆炸的唯一火源是煤炭的自燃，以及分解了煤炭自燃的整个过程；最后讲述了顶板垮落对采空区瓦斯流体场运移的影响等几方面的内容，重点说明，只有当爆炸范围内浓度的瓦斯，在运移到弱渗流带内与达到着火点温度的火源相遇时，才能发生瓦斯爆炸。

4 顶板垮落对回风巷侧三带瓦斯影响的实验室相似模拟

4.1 实验室相似模拟的介绍

实验室相似模拟是科学研究中常用的方法，是将实际现场中难以观测、难以实现多方面变量分次定量定性人为控制的实际问题，转化为实验室中可控可调的模型，进行实验求解及验证的研究方法。实验室相似模拟的核心在于建立合理的相似模型进行转化，在转化过程中，必须保证，在实验室中所设定的初始条件基本符合现场实际条件，或者转化时遵循相关的相似定律；而且要保证人为实施的对初始条件的改变手段或者方法，符合现场实际操作的条件和要求或者符合原始自然条件下的变化规律，绝不能因人为施加的改变背离了实际条件下的变化规律。要本着遵从几何、密度、强度等角度完全相似的原则，展开实验室实验，只有这样，才能得出可靠的、有参考价值的实验结果。

4.1.1 相似实验要遵循的三个相似规律

4.1.1.1 几何相似

关于相似的概念，最初产生在几何学中。如两个物体或图形，其对应部分的比值，若为同一常数，即称为几何相似。这个常数称为相似常数或相似乘数。两个几何上相似的图形或物体，其对应部分的比值必等于同一个常数。这种相似称为几何相似[31,32]。

例如：两个相似的三角形 A 和 B，对应边必互成比例。三角形 $\triangle'$ 与 $\triangle''$ 的对应边，l_1、l_2、l_3 有如下关系式：

$$\frac{l_1'}{l_1''} = \frac{l_2'}{l_2''} = \frac{l_3'}{l_3''} = C_1 \tag{4-1}$$

式中 l_1'，l_2'，l_3'——三角形 $\triangle'$ 的三边；

l_1''，l_2''，l_3''——三角形 △″的对应三边；

C_1——相似常数。

4.1.1.2 动力相似

动力相似是指实物与模型流动中受到的各种外力作用，在对应点上成正比：

$$\frac{F}{F''} = C_F \tag{4-2}$$

当两个物体间满足动力相似时，还遵循以下定律：

$$\frac{m'}{m''} = C_m \tag{4-3}$$

相似第一定理可表述为。过程相似，则相似特征数不变，相似指标为 1。

4.1.1.3 遵循的规律相似

在几何相似系统中，具有相同文字的关系方程式，单值条件相似，且由单值条件组成的相似特征数相等，则此两现象是相似的，在满足几何相似和受力相似的条件下产生的运动规律或者变化规律也保持相似。

4.1.2 本实验要采用的模拟相似比的情况介绍

实际工作面长度为 120m，实验台中对应的宽度为 600mm，考虑到工作面顶板垮落呈现周期性，因此，在周期来压步距相同时呈现的规律是相同的，不用模拟随着工作面的推进每一次顶板来压时对工作面瓦斯干扰的情况，只需要模拟几种固定的周期来压步距时顶板垮落对采空区顶板瓦斯的影响即可。所以，工作面推进长度不需模拟太长，取 100m 即可，实验室中实验台与之对应的长度为 500mm，即两者的几何模拟相似比为 $\frac{60}{12000} = \frac{50}{10000} = \frac{1}{200}$。

但是，考虑到煤层厚度与顶板垮落步距同工作面长度和推进总长度相比差距较大，所以不采用同一个相似比。因为如果按上述 1∶200 的相似比进行选取，那么 3m 厚的煤层模拟的结果是煤层厚度为 15mm；周期来压步距取 25m，所得出的模拟结果为 125mm。虽然在 15mm 的高度空间内能够实现顶板不同垮落形态的模拟，但是在现有条件下根本无法观测垮落过程中的实验现象。如果将相似比增大，全部按照 1∶50 来模拟，则 120m 的工作面长度，会导致工作面在模拟后达到 2.4m，长度太大，导致实验模型非常大，使实验数据的采集非常麻烦。权衡以上因素，结合所要研究的中心问题是顶板垮落对瓦斯气流的影响，而工作面长度以及推进长度对所要研究的问题影响不大，所以最终决定工作面长度、推进长度与两巷宽度、煤层厚度不采用同一个相似比。经比较计算得出煤层厚度、顶板，取相似比为 1∶20，采高取 3m，顶板的垮落高度对应值为 150mm，试验台高度为 180mm；周期来压步距相似比取 1∶100，取现场周期来压可以为 10m、15m、20m、25m 的几种情况，则实验台对应的顶板垮落长度为 100mm、150mm、200mm、250mm。而采空区三带的长度范围则是取距离煤壁后方 6m 的范围为强渗流带，6~15m 的范围为弱渗流带，15m 以后的范围为窒息带，采用和周期来压步距同一相似比 1∶100，则试验台中三带界限距离煤壁的对应尺寸为 60mm、60~150mm，以及 150mm 以后到试验台外壁面的范围。

4.2　相似模拟实验的设计

4.2.1　实验的目的

通过实验，探寻出在不同顶板垮落方式、顶板不同来压步距时，顶板垮落分别对采空区三带中瓦斯流场的影响，观测瓦斯浓度的分布情况，及时记录瓦斯在运移过程中与回风巷一侧的弱渗流带内的煤炭易着火点的相遇情况。

4.2.2　实验的手段

自行设计研发实验台（设计模型见图 4-1），命名为"工作面顶板垮落对采空区气流三带中瓦斯流场变化影响研究的相似模拟试验台"。实验台分为底板实验台、采空区、工作面两巷、顶板以及实体煤壁几个部分。底板实验台是用厚 60mm、长 600mm、宽 600mm 的泡沫为主体，外包底板岩石色的彩绘纸加工而成（在特殊颜色映衬下以利于观测实验现象）。同样，煤体也是采用厚 150mm、长 420mm、宽 200mm 的泡沫加黑色彩绘纸包装而成。其他部分均是采用 5mm 厚的透明有机玻璃组合而成，有机玻璃面上画有 10mm×10mm 的方格网，用于观测和记录初始位置、最大位移位置、最终点的位置以及个别特殊位置。实验台最大长度为 500mm，最大高度为 600mm，最大宽度为 600mm。实验台中采空区顶板来压步距的长度，可以调节改变，以便能够实现模拟工作面顶板在不同推进长度、不同顶板岩性（用悬臂长度来区分岩性的坚硬程度）以及不同顶板高度的情况下垮落时，对顶板下方的采空区瓦斯的扰动情况。实验架上方还需要用透明有机

(a) 侧视

(b) 俯视

(c) 风机通风

(d) 支柱支撑

图 4-1 多角度模型视图

玻璃板加盖，在板与板相交接的地方用透明胶带进行密封，防止漏气，保证实验的初始条件与现场实际情况相似。顶板未垮落时，由从底板试验台下方穿过的细支柱支撑，通过支柱的下落控制顶板的下落，通过控制顶柱的下落速度控制顶板的下落速度，通过每块板速度的调节实现顶板的不同垮落形式，如图 4-2 所示顶板垮落过程中瓦斯形态图。顶板的模拟是用透明有机玻璃进行的，考虑到现场中采空区顶板的垮落并非每次都是整体性垮落的，所以将有机玻璃分为 A、B、C

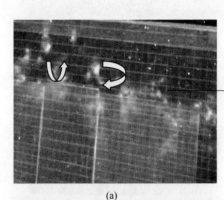

模拟
的瓦
斯轨
迹

(a)

碰撞
过程
中的
瓦斯
轨迹

(b)

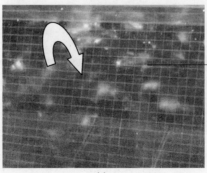

顶板
停止
运动
后的
瓦斯
形态

(c)

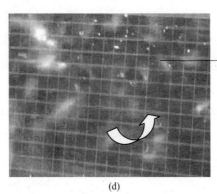

各种形态的瓦斯

(d)

图 4-2　整个垮落过程

三块，从回风巷向进风巷方向依次为 A、B、C。同种周期来压步距下 A、B、C 三块有机玻璃板的长度是相同的，A、B、C 三块有机玻璃板的宽度也是基本一致，长度均为周期来压步距。每种周期来压步距的对应关系如下：10m 周期来压步距时对应 A_1、B_1、C_1；15m 周期来压步距时对应 A_2、B_2、C_2；20m 周期来压步距时对应 A_3、B_3、C_3；25m 周期来压步距时对应 A_4、B_4、C_4。

确定了试验台参数后，再考虑瓦斯流场的模拟。由于瓦斯的物理和化学性质，所以对于瓦斯的模拟是实验中的难题。因为瓦斯是可燃性气体，在空气中易发生爆炸，是十分危险的气体，如果直接采用瓦斯进行试验，需要采用特殊设备进行收集和实验。考虑到本实验的实验装置不足以确保安全，在考虑不换实验设备的情况下，只能采用其他的实验气体代替瓦斯进行模拟性实验。最初选择了烟雾进行模拟，但是烟雾的密度与瓦斯相比较大，而且实验中由于烟雾的不透明性，不能观测到烟雾的完整流动轨迹，而且最初位置的烟雾会被后面吹进的烟雾给替代，烟雾会发生融合，从而无法定位观测。再者烟雾流动受到风流的影响较大，考虑到风流的模拟是通过风扇实现的，要想烟雾有较好的流动效果，需要将风速加大到比瓦斯的风速高几倍时才能有流动效果，所以与实际不符。排除了瓦斯、烟雾后，又制定了氢气球的方案。实验中发现氢气球在体积很小时，不容易漂浮，因为氢气球还具有一定的重量，如果将氢气球体积增大，实验模型的空间太小，不允许，而且体积太大的话，实验中现象失真，不符合相似原理的要求。再有氢气同样属于易燃易爆的气体，实际操作过程中存在危险，所以氢气球的方案也不可取。而后，经过多次试验比较，决定采用单根羽绒最为恰当。多根羽绒模拟时能观察到随顶板垮落时的运动，但是无法实现轨迹的区分和观测；而单根羽绒非常轻，极易漂浮，通过录像的方式可以清晰的记录羽绒在顶板下落的干扰下的运动轨迹，通过后期录像的慢放能够实现其轨迹的绘制，而且羽绒经济实惠，易于操作，能够满足进行大量反复实验的要求。综上比较，本实验采用单根羽绒的方案来模拟流体瓦斯。

为了保证实验室中工作面有风流通过，在试验台的进风巷口布设一台 6V、400mA 小型压入式风扇，用来模拟通过工作面的风流。实验前 1min 先接通电源，等风流稳定后再进行顶板垮落的实验。考虑到如果在回风巷一侧进行通风，保证风流方向从进风巷到回风巷的流动方向，则应该是采用抽出式通风。但是在实际模型中，抽出式布置的风扇距离回风巷侧采空区相对较近，模拟瓦斯所采用的羽毛很容易被吸入到风扇中。因此，决定采用在进风巷口用风扇向进风巷压风的方式通风，同时保证风流风速满足实际工作面通风的要求不低于 0.25m/s，不高于 4m/s。实验模拟中可以根据需要将风扇电压在 2~6V 之间调节。需要说明的是，由于进风巷强渗流带的三带范围划分的具体距离有争议，而回风巷一侧的采空区气流三带的划分是公认的，所以只是采用了在回风巷一侧进行模拟实验。

此试验台在实验时除了留有一定宽度的两巷通道外，其他部位是全部密封的，以防止出现漏气现象。考虑到瓦斯的密度比空气的密度小，因此瓦斯是积聚在巷道的上部，在巷道底部瓦斯含量较少。而直接顶垮落后的矸石是散落在采空区底板上的，并没有充满采空区巷道的整个高度，上部的空间是由瓦斯占据的，因此可以不模拟直接顶板冒落后的碎块所在底板上占据的高度。本实验不采用向采空区内放置碎石块来模拟冒落带高度特征的实验措施，而是事先在采空区范围内通过冒落带高度公式的计算（详见第 2 章式 2-1），将冒落的高度折合成顶板的实际高度。例如，煤层厚度为 3.5m，冒落的高度为 1.5m，则顶板的实际垮落高度为 2m，而不是按 3.5m。实验时，在采空区充入一定量的白色和红色的羽绒等能够反映气流变化易于跟踪观察的轻飘的物体，这样既不会影响实验的可靠性，而且也容易观测实验现象。实验时两人操作顶板的垮落，两人用录像机及时全范围内地记录在顶板垮落过程中，瓦斯流体的移动变化情况。在后期数据处理时，在视频的放映过程中，采用慢放截图的方法对录像进行分解，保存成图片形式，利用事先在透明有机玻璃板上做好的方格网做计量单位，定性及定量地分析在整个过程中瓦斯流体的变化情况。

4.3 实验的展开及原始数据的记录

4.3.1 实验准备

为保证实验顺利有序的展开，将实验人员分为顶板控制组、瓦斯控制组、摄像数据收集组。顶板控制组主要是通过控制小支柱的下降和下落速度来控制顶板的垮落方式及垮落速度；瓦斯控制组是在顶板每次垮落后重新摆放羽绒，保证摆放的位置准确，控制瓦斯的单一变量以及安放通风机整理煤壁等；摄像数据收集组主要是通过俯视和侧视两个方向，对顶板垮落过程中瓦斯流场的变化进行全方位的录像，并且两人要保证操作同步进行。在实验时，还应保证同一来压步距的顶板垮落在同一天内、同一地点、同一操作人员来完成，排除人员更换和环境变化带来的实验误差。

实验主要是针对回风巷一侧的采空区三带进行观测，对于工作面对应的采空区中部区域和进风巷一侧的采空区三带也略有涉及，详细分析如下。

工作面对应的采空区中部瓦斯受顶板垮落干扰的特点是：该位置处的气流受到的干扰最大，顶板下落过程和瓦斯气流发生能量的交换，使得瓦斯获得较大的动能，气流运动持续的时间较长，实验中表现出的运动往返的次数多。从实验中小气球的运动可以看出，在同样的顶板垮落方式和周期来压步距的条件下，在其他位置时，小气球的运动产生的现象是不漂浮、移动距离很小、小范围内移动；而在中部位置时，小气球不仅可以漂浮，而且可以明显看到回旋现象。由于小气球有一定的重量，所以当冲击力度较小时，小气球运动不明显或者是不能产生漂浮运动，只有当气流冲击较大时才能产生明显运动。分析原因是：在工作面中部垂直煤壁的采空区位置，在顶板垮落时所受的冲击较大，整个悬顶空间的气流都会对中部瓦斯产生扰动，采空区中部空间被前一周期来压时的垮落顶板和随采随冒的直接顶顶板岩石给充填，导致这个位置的瓦斯运移空间变小，没有像两巷口一样的气流通道，所以使得气流在顶板下落后被压缩，体积急剧变小，瓦斯获得的能量大，处于极不稳定状态，不断地和垮落矸石碰撞，碰撞后运动方向也随之发生改变，碰撞完全、能量较大时会发生完全反向的现象。这也是看到气流有往返运动的原因。因此，相比其他位置的瓦斯，表现为气流运动的持续时间较长，运动过程中的最大位移量较大，整个轨迹曲线所囊括的范围也较大。而在接近两巷位置处，由于上下两巷作为通道，在顶板的冲击下很大一部分气流通过两巷，沿着两巷向工作面推进方向移动，对采空区的瓦斯冲击扰动的强度降低很多，使得瓦斯的运移过程也相对较短，运动剧烈程度较小，通过比较看不到中部瓦斯运移的现象。

而对于进风巷口一侧的采空区三带范围界限，存在着划分的争议。因此，按照常规划分方法进行试验，所观测到的实验现象仅仅是作为尝试，本书不做详细的分析探讨。

实验中发现，在进风巷口一侧的实验同回风巷口一侧的实验相比较，强渗流带、弱渗流带以及窒息带各带的范围均要大。进风巷一侧由于受到进风风流的影响，在顶板垮落时将会看到瓦斯在沿指向采空区的水平方向获得初速度要大，所以瓦斯的位移量也要大；而对于在强渗流带内的瓦斯，由于受到了进风风流的影响，在顶板垮落时，部分瓦斯并没有在顶板垮落影响下向工作面方向运动，而是向采空区方向运动，而且越接近工作面这种现象越明显。试验结果见图 4-3。

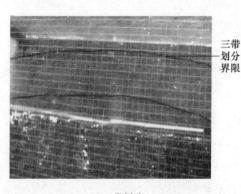

(a) 三带划分

(b) 进风巷位置

(c) 工作面中部瓦斯运移

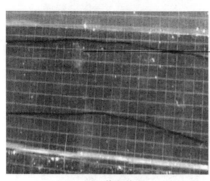

(d) 停留位置

图 4-3 进风巷侧瓦斯运移模拟

在对采空区中部和进风巷一侧进行探讨性试验后，将重点对回风巷口的采空区三带在顶板垮落时的瓦斯运移情况进行详细的实验研究。

4.3.2 实验数据的记录

根据实验采空区三带的划分，将实验分为三类（窒息带内瓦斯、弱渗流带内瓦斯、强渗流带内瓦斯），在每一类中根据来压步距的不同分为四组（分别是周期来压步距为 10m、15m、20m、25m），每一组中根据顶板垮落方式的不同又分为四种（A、B、C 三块顶板同时垮落；A 块顶板先垮，B、C 块顶板后垮；B、C 块顶板先垮，A 块顶板后垮；A、B 块顶板先垮，C 块顶板后垮），每种垮落方式要进行三次试验，对于三次试验的结果进行综合处理和记录，各指标均取三次实验的平均值（人为失误所导致的明显错误试验不记录）。因此，需要进行和记录 144 次有效实验的过程。图 4-4 为一次完整实验过程。

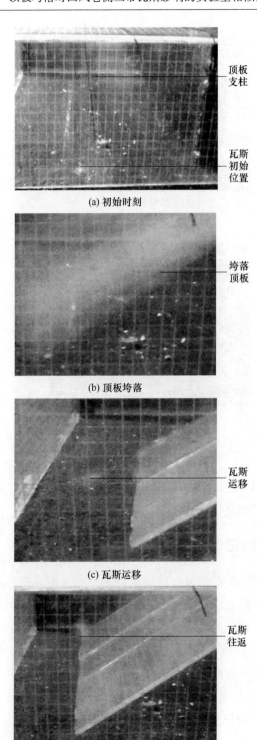

(a) 初始时刻

(b) 顶板垮落

(c) 瓦斯运移

(d) 瓦斯往返

(e)瓦斯下落

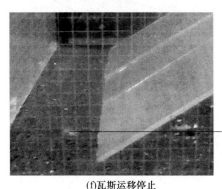

(f)瓦斯运移停止

图4-4 一次完整实验过程

实验数据记录见表4-1~表4-12。特殊说明：每个实验数据表下面对应8个图表，分别标记为a、b、c、d、e、f、g、h。图（a）为A、B、C三块顶板同时垮落时xz剖面内瓦斯运移轨迹；图（b）为A、B、C同时垮落时yz剖面内瓦斯运移轨迹图；图（c）为A先垮B、C后垮在xz剖面内瓦斯运移轨迹；图（d）为A先垮B、C后垮在yz剖面内瓦斯运移轨迹，图（e）为B、C先垮xz剖面内瓦斯运移轨迹图；图（f）为B、C先垮yz剖面内瓦斯运移轨迹图，图（g）为A、B先垮xz剖面内瓦斯运移轨迹图；图（h）为A、B先垮yz剖面内瓦斯运移轨迹图，详见图4-5~图4-16。

表 4-1 窒息区 10m 来压步距时瓦斯在三个轴向的位移变化

顶板垮落顺序 1	周期来压步距/m	羽毛位置	x 方向位移变化	y 方向位移变化	z 方向位移变化
A、B、C 同时垮落	10	窒息区	3.5-0-13-3	3-1-3-5	0-15-0
A 先垮	10	窒息区	5-3-0	3-8-6	0-5-0
B、C 先垮	10	窒息区	5-3-4-1	4-6-4	0-4-0
A、B 先垮	10	窒息区	5-4-2	6-7-4	0-5-0

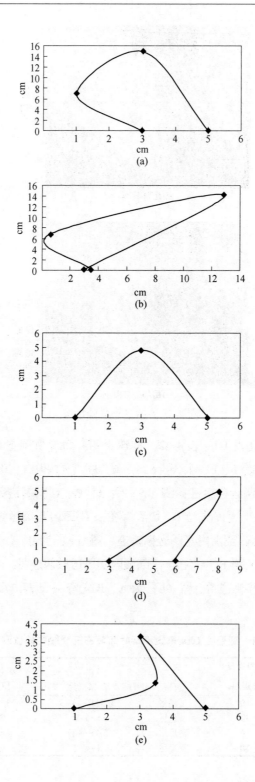

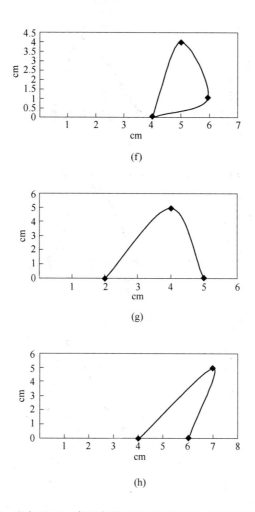

(f)

(g)

(h)

图 4-5　窒息区 10m 来压步距不同顶板垮落方式下瓦斯的轨迹

表 4-2　窒息区 15m 来压步距时瓦斯在三个轴向的位移变化

顶板垮落 顺序 2	周期来压 步距/m	羽毛 位置	x 方向 位移变化	y 方向 位移变化	z 方向 位移变化
A、B、C 同时垮落	15	窒息区	3-5-6	4-3-2	0-4-0
A 先垮	15	窒息区	6-8-9	4-4-2	0-2-0
B、C 先垮	15	窒息区	6-8-10	4-3-3	0-2-0
A、B 先垮	15	窒息区	6-9-10	4-4-4	0-4-0

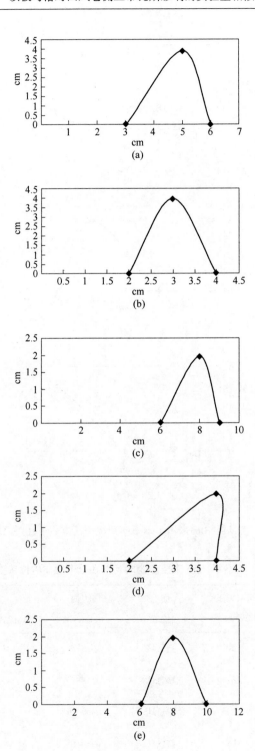

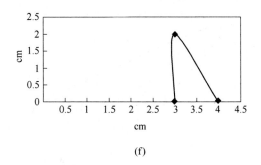

(f)

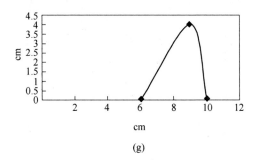

(g)

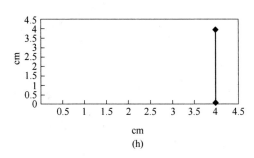

(h)

图 4-6 窒息区 15m 来压步距不同顶板垮落方式下瓦斯的轨迹

表 4-3 窒息区 20m 来压步距时瓦斯在三个轴向的位移变化

顶板垮落 顺序 3	周期来压 步距/m	羽毛 位置	x 方向 位移变化	y 方向 位移变化	z 方向 位移变化
A、B、C 同时垮落	20	窒息区	5-0-15	3.5-5-2	0-14-0
A 先垮	20	窒息区	5-0-13	3-4-1	0-11-0
B、C 先垮	20	窒息区	5-0-12	3-3-3	0-13-0
A、B 先垮	20	窒息区	5-0-14	3-2-1	0-14-0

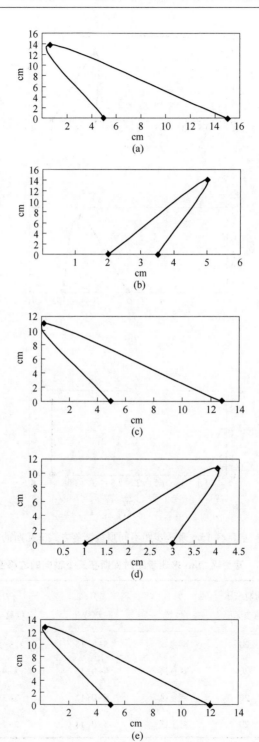

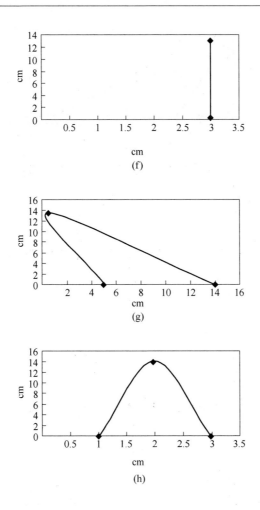

图 4-7 窒息区 20m 来压步距不同顶板垮落方式下瓦斯的轨迹

表 4-4 窒息区 25m 来压步距时瓦斯在三个轴向的位移变化

顶板垮落 顺序 4	周期来压 步距/m	羽毛 位置	x 方向 位移变化	y 方向 位移变化	z 方向 位移变化
A、B、C 同时垮落	25	窒息区	4−0−14	4−2−3.8	0−15−0
A 先垮	25	窒息区	4−7−3	4−7−4	0−6−0
B、C 先垮	25	窒息区	4−6−4	4−6−3	0−5−0
A、B 先垮	25	窒息区	4−0−10	4−6−3	0−12−0

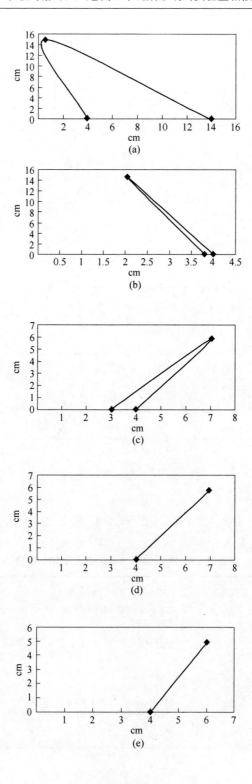

(a)

(b)

(c)

(d)

(e)

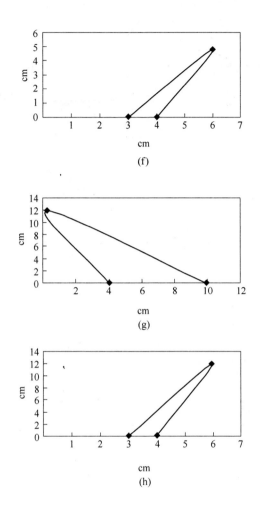

图 4-8 窒息区 25m 来压步距不同顶板垮落方式下瓦斯的轨迹

表 4-5 弱渗流区 10m 来压步距时瓦斯在三个轴向的位移变化

顶板垮落 顺序 5	周期来压 步距/m	羽毛 位置	x 方向 位移变化	y 方向 位移变化	z 方向 位移变化
A、B、C 同时垮落	10	弱渗流区	10-0-6-0	4-6-9-2	0-3-6-0
A 先垮	10	弱渗流区	10-9-5	3-3-4	0-4-0
B、C 先垮	10	弱渗流区	10-4-0	4-6-7	0-5-0
A、B 先垮	10	弱渗流区	10-0-5	4-5-2	0-5-0

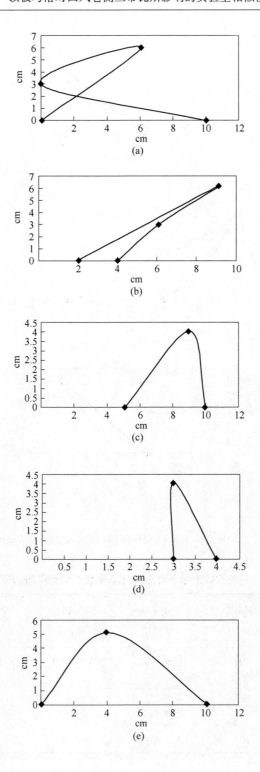

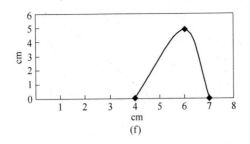

(f)

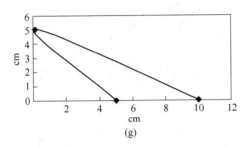

(g)

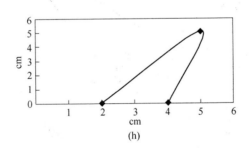

(h)

图 4-9 弱渗流区 10m 来压步距不同顶板垮落方式下瓦斯的轨迹

表 4-6 弱渗流区 15m 来压步距时瓦斯在三个轴向的位移变化

顶板垮落 顺序 6	周期来压 步距/m	羽毛 位置	x 方向 位移变化	y 方向 位移变化	z 方向 位移变化
A、B、C 同时垮落	15	弱渗流区	6-7-3	2-0-4	0-13-0
A 先垮	15	弱渗流区	6-8-2	3-6-4	0-11-0
B、C 先垮	15	弱渗流区	6-10-1	3-0-3	0-14-0
A、B 先垮	15	弱渗流区	6-10-2	3-7-4	0-14-0

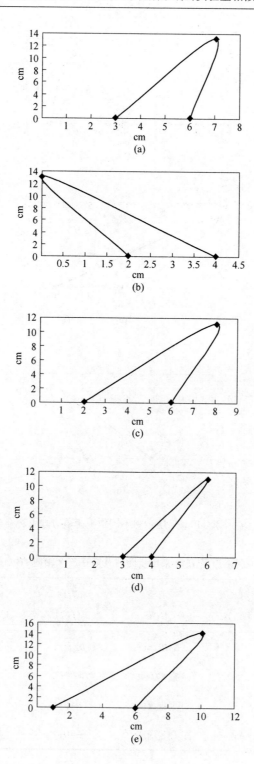

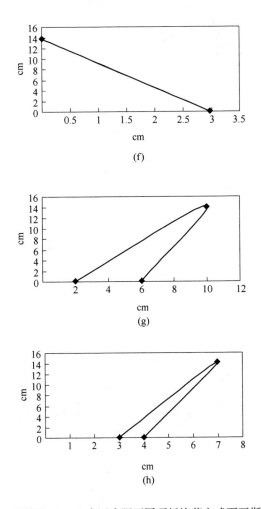

图 4-10   弱渗流区 15m 来压步距不同顶板垮落方式下瓦斯的轨迹

表 4-7   弱渗流区 20m 来压步距时瓦斯在三个轴向的位移变化

顶板垮落 顺序 7	周期来压 步距/m	羽毛 位置	x 方向 位移变化	y 方向 位移变化	z 方向 位移变化
A、B、C 同时垮落	20	弱渗流区	10-0-2	3-2-3	0-13-0
A 先垮	20	弱渗流区	10-0-2	3-2-3	0-12-0
B、C 先垮	20	弱渗流区	10-6-1	3-0-4	0-12-0
A、B 先垮	20	弱渗流区	10-0-2	3-4-2	0-13-0

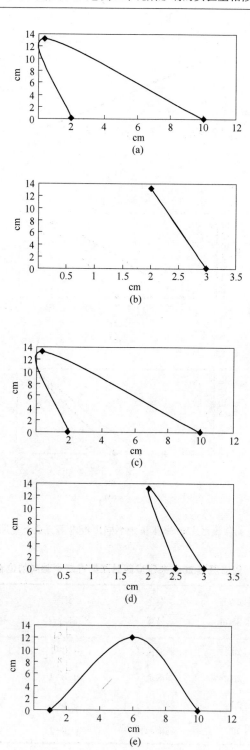

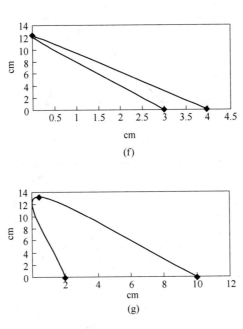

(f)

(g)

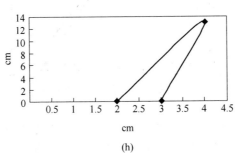

(h)

图 4-11 弱渗流区 20m 来压步距不同顶板垮落方式下瓦斯的轨迹

表 4-8 弱渗流区 25m 来压步距时瓦斯在三个轴向的位移变化

顶板垮落 顺序 8	周期来压 步距/m	羽毛 位置	x 方向 位移变化	y 方向 位移变化	z 方向 位移变化
A、B、C 同时垮落	25	弱渗流区	10-8-13	4-6-4	0-5-0
A 先垮	25	弱渗流区	10-7-11	4-4-4	0-4-0
B、C 先垮	25	弱渗流区	10-7-14	4-3-4	0-4-0
A、B 先垮	25	弱渗流区	10-9-14	4-5-5	0-4-0

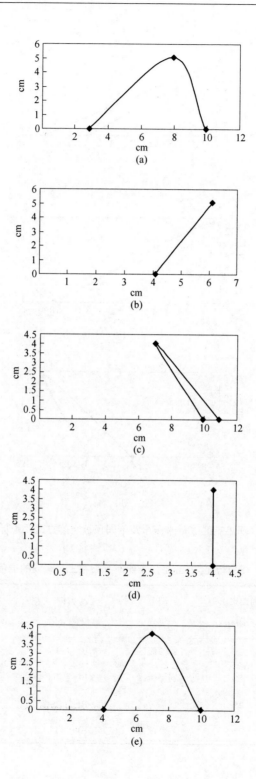

(a)

(b)

(c)

(d)

(e)

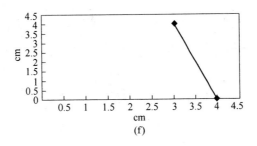

(f)

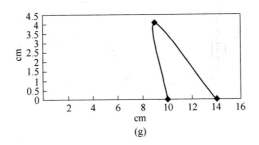

(g)

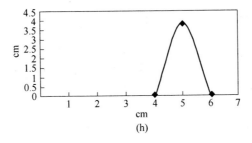

(h)

图 4-12   弱渗流区 25m 来压步距不同顶板垮落方式下瓦斯的轨迹

表 4-9   强渗流区 10m 来压步距时瓦斯在三个轴向的位移变化

顶板垮落 顺序 9	周期来压 步距/m	羽毛 位置	x 方向 位移变化	y 方向 位移变化	z 方向 位移变化
A、B、C 同时垮落	10	强渗流区	16-20-24	4-3-2	0-4-0
A 先垮	10	强渗流区	16-19-22	4-4-2	0-2-0
B、C 先垮	10	强渗流区	15-18.5-22	4-3-3	0-2-0
A、B 先垮	10	强渗流区	16-19-24	4-4-4	0-4-0

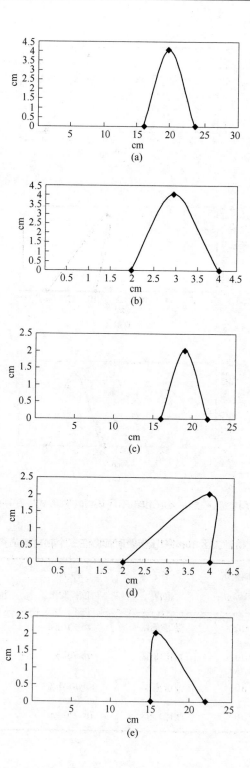

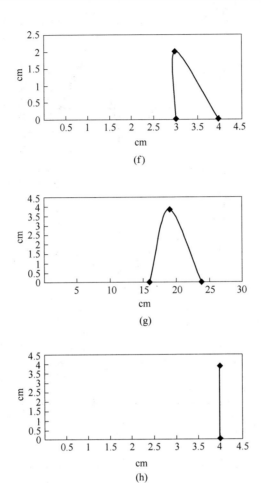

图 4-13　强渗流区 10m 来压步距不同顶板垮落方式下瓦斯的轨迹

表 4-10　强渗流区 15m 来压步距时瓦斯在三个轴向的位移变化

顶板垮落顺序 10	周期来压步距/m	羽毛位置	x 方向位移变化	y 方向位移变化	z 方向位移变化
A、B、C 同时垮落	15	强渗流区	16-18-24	2-2-2	0-6-0
A 先垮	15	强渗流区	16-17-23	2-3-2	0-5-0
B、C 先垮	15	强渗流区	16-18-23	2-2-2	0-5-0
A、B 先垮	15	强渗流区	16-19-24	2-3-2	0-6-0

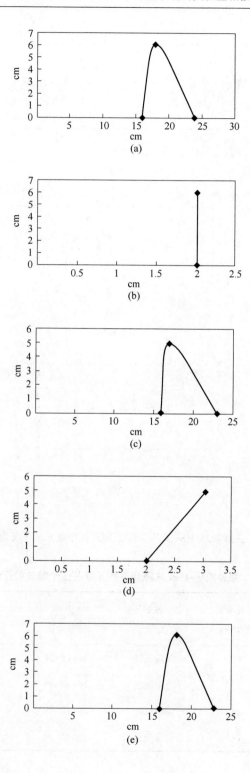

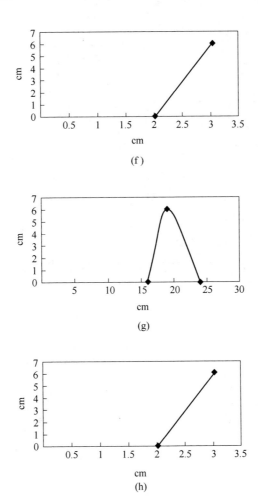

图 4-14　强渗流区 15m 来压步距不同顶板垮落方式下瓦斯的轨迹

表 4-11　强渗流区 20m 来压步距时瓦斯在三个轴向的位移变化

顶板垮落 顺序 11	周期来压 步距/m	羽毛 位置	x 方向 位移变化	y 方向 位移变化	z 方向 位移变化
A、B、C 同时垮落	20	强渗流区	16-21-28	3-3-3	0-9-0
A 先垮	20	强渗流区	16-22-28	3-0-1	0-8-0
B、C 先垮	20	强渗流区	16-23-28	3-4-3	0-7-0
A、B 先垮	20	强渗流区	16-21-30	3-2-2	0-9-0

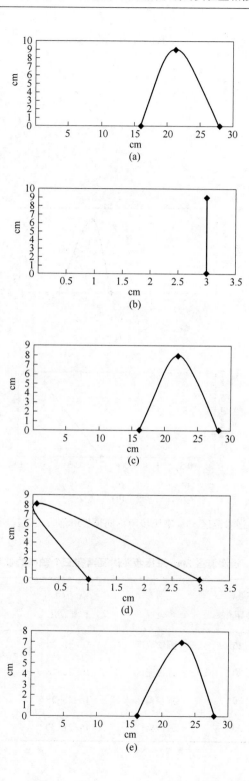

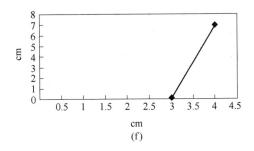

(f)

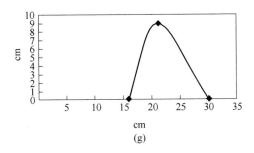

(g)

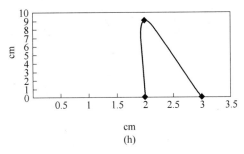

(h)

图 4-15 强渗流区 20m 来压步距不同顶板垮落方式下瓦斯的轨迹

表 4-12 强渗流区 25m 来压步距时瓦斯在三个轴向的位移变化

顶板垮落 顺序 12	周期来压 步距/m	羽毛 位置	x 方向 位移变化	y 方向 位移变化	z 方向 位移变化
A、B、C 同时垮落	25	强渗流区	16-19-30	4-4-4	0-4-0
A 先垮	25	强渗流区	16-21-28	4-5-3	0-3-0
B、C 先垮	25	强渗流区	16-23-28	4-3-4	0-4-0
A、B 先垮	25	强渗流区	16-24-29	4-3-3	0-5-0

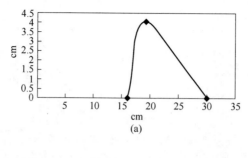

(a)

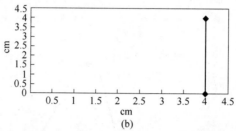

(b)

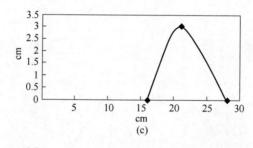

(c)

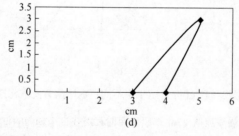

(d)

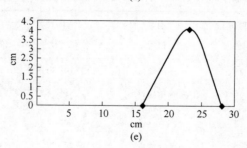

(e)

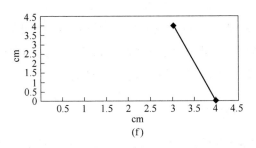

(f)

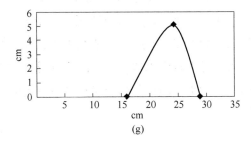

(g)

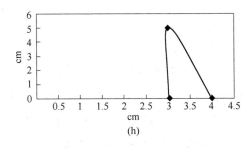

(h)

图 4-16　强渗流区 25m 来压步距不同顶板垮落方式下瓦斯的轨迹

4.4　小结

　　结合实验台模型建立坐标系：以回风巷巷道壁面所在直线与所模拟的采空区边缘直线在底板平面上的交点为坐标原点（x 轴是指巷道壁面所在直线，正方向指向工作面的推进方向、y 轴是指平行于工作面的直线，正方向是沿工作面由回风巷指向进风巷、z 轴是指垂直于底板方向的直线，z 轴正方向为由煤层底板指向顶板[33,34]）。

4.4.1　在窒息区范围内比较

总结以上数据和研究曲线特征得出以下结论：周期来压步距分别为 10m、15m、20m、25m 四种不同步距时，瓦斯在 xyz 三个方向的运移方向、运移轨迹不同，运移过程中的最大位移量不同。具体说明如下。

4.4.1.1　在 x 轴方向

在 x 方向的位移随周期来压步距的变化而变化（图 4-17）。当来压步距较小时，x 方向的位移值呈现先减小后增大，减小值 $\Delta_减$ 和增大值 $\Delta_增$，相对于周期来压步距较大时而言，会相对较小一些。而当周期来压步距较大时，变化值 $\Delta_减$ 和 $\Delta_增$ 相对较大些，但是位移值也同样会呈现出先减小后增大的变化趋势，但是不排除有个别特殊的现象。对于特殊现象，详见下文（这里说的减小和增大，是指瓦斯所在位置的坐标值的大小，减小是指向坐标轴负方向运动，增大是沿着坐标轴正方向运动[35~37]）。

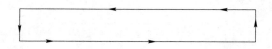

图 4-17　x 轴方向往返轨迹

得出上述结论的原因分析：当顶板即将垮落时，受力平衡状态受到破坏，顶板受重力作用而产生竖直向下的初速度，开始下落，压缩顶板下方采空区的瓦斯。对于顶板受力分析，顶板垮落时一端嵌入煤体，一端自由垮落，可以视为力学中的简支梁结构，在老顶及上覆载荷作用下做一定挠度的回旋式运动，如图 4-18 和图 4-19 所示。

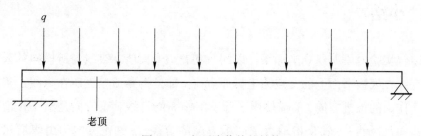

老顶

图 4-18　老顶垮落前的结构

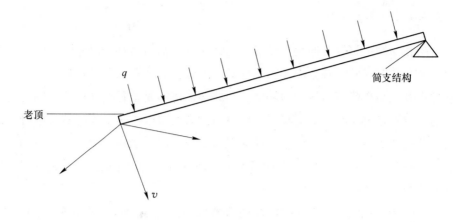

图 4-19 顶板下落的速度方向

由图可知，瓦斯开始运动时，具有向采空区方向的速度，速度方向指向窒息区范围，因此，最初时，窒息区范围内的瓦斯受到由煤壁指向采空区方向的力的作用，所以产生最初背离煤壁而指向采空区的方向运动。在顶板垮落后，垮落的顶板与上覆未垮落顶板之间的空间增大，体积变大，压力减小。而在顶板下沉干扰下的瓦斯在向采空区方向运移时，会产生压力升高的区域。根据流体力学平衡原理可知，高压力瓦斯有向低压力的方向运动的趋势，所以运移瓦斯会向前方顶板上方压力减小的空间内运移。再有，瓦斯向采空区运移时，由于受到顶板最初压力作用，有较大的动量，方向指向采空区。如果在采空区范围内运动过程中与采空区冒落矸石发生碰撞，那么根据动量守恒定律可以知道，瓦斯动量将改变大小和方向，做反向运动，最终也会向顶板垮落形成的采空区区域（即第 2 章提到的顶板垮落后的三角形区域）运移。

特殊现象：当来压步距为 15m 时，顶板在未垮落前，采空区侧的自由端在底板上的投影正好位于弱渗流区内，此时的顶板垮落对采空区窒息带的影响不符合来压步距为 10m、20m 及 25m 的情况下在 x 轴正负方向的往返运动的规律，而是呈现了沿工作面推进方向进行正向单方向运动的规律。

上述现象产生的原因是：考虑到工作面通风系统的影响，由于进风巷与回风巷之间存在风压差，风流自进风巷向回风巷穿过工作面，力的方向也是由回风巷指向进风巷，同时顶板对气流的作用方向是从顶板远端指向煤壁工作面的。把这几个作用力利用力学知识合成后，所有力的合力为沿着工作面推进方向，因此，瓦斯在这个力的作用下，也是沿着工作面推进方向移动的。

4.4.1.2　在 y 轴方向

瓦斯在 y 轴运移的方向和轨迹基本趋势与在 x 轴的运移情况相同，但也略有差别。在 y 轴方向的运移方向最初既有正向也有反向，并没有随着周期来压步距的规律性变化呈现出统一的运动趋势。但能够确定的是，瓦斯在 y 轴方向的运移是在这一分布带内呈波动式运移，运移峰值在未受顶板垮落干扰时的初始位置的正向和负向 3 个计量单位（计量单位是试验台中有机玻璃板上划分的方格网，每个方格网均为 1cm×1cm 的，3 个计量单位即是 3cm）之间浮动，最终的位置也停留在这个分布带内。

原因分析：顶板垮落在采空区侧的悬臂顶板自由端垮落后在底板上的位置，仍然没有达到窒息区（即使周期来压步距较大取 25m 时，也没有达到）。由于顶板的垮落是回旋式垮落，顶板边缘下落时角速度最大，对气流冲击作用也最大，随着顶板的下落，不再是水平位置后，瓦斯对气流作用力的方向也是多向的，有的指向窒息区，有的指向巷道壁面，同时还有背向巷道壁面的（此种情况下，也会出现在指向巷道壁面的气流与巷道壁面发生碰撞后反向的）。因此，在三种方向的气流作用下，瓦斯运移呈现多种方向，使得轨迹多样。由于各种力的作用在 y 轴方向的分力比在 x 轴方向小，因此在整个运动过程中达到的峰值较 x 轴方向的小。最终达到稳定状态时，停留在初始位置的正负 4 个计量单位在 y 轴方向所划定的分布带内。

特殊现象：周期来压步距不同时，并非全部情况下瓦斯在 y 轴方向运动仅限定在正负四个计量单位所划定的范围带内，偶有最大运动位移超出此范围。这种特殊现象可能是由于人为控制顶板下落时产生的影响，但是，此种特殊现象在实际生产中采空区顶板垮落时，是有可能发生的。因为顶板垮落过程中瓦斯的运移轨迹并非是完全按照一定的规律进行的，是存在个别现象的，所以并不能作为错误的实验现象对待，所得实验结果有一定的意义，为此生产中也应当制定此类现象的相关的预防和治理措施。

4.4.1.3　沿 z 轴方向

在窒息区范围内的瓦斯，随着周期来压步距的变化，瓦斯沿 z 轴方向的位移最大值的变化基本一致，变化不大，都基本能够呈现从底板到顶板的过程，但是整个轨迹不同。需要说明的是，实验中用羽毛所模拟的瓦斯位于巷道底板上，似乎不合乎瓦斯密度比空气小，应该漂浮在巷道上部的实际情况。但是考虑到以下三点，可以说明实验用羽毛放在底板上模拟瓦斯运移是可行的：（1）考虑到实际采空区瓦斯含量高，浓度大，能够布满整个采空区空间，不仅仅是只在巷道上部出现，因此在巷道底部也有瓦斯存在而且浓度也相对较大；（2）顶板垮落时，到巷道底部时速度最大，对巷道底部瓦斯的冲击最大，与弱渗流区的煤炭在两巷底部自燃着火点关系密切；（3）根据相似模拟理论，采空区顶板干扰瓦斯，瓦斯沿 z 轴在顶板时负向的最大位移，与在底板时受冲击的正向最大位移一致，所以采用羽毛在巷道底板模拟巷道顶部瓦斯，来观测顶板垮落的瓦斯流场，此方案可行。但是在叙述时，采用瓦斯赋存及运移形式进行叙述，而不采用羽绒作为叙述对象。

　　原因分析：顶板垮落时，对窒息区瓦斯的冲击作用使得瓦斯气流下降后，直至巷道底部，发生撞击。撞击过程中进行能量交换，动量发生改变，速度方向发生改变，反向后继续向上运动，到达顶部。如图 4-20 所示。

图 4-20　z 轴方向往返轨迹

　　上述针对窒息区范围内的分析，不同周期来压步距情况下比较顶板垮落对瓦斯的影响时，还考虑了顶板垮落方式一致这个前提，即进行的是同种垮落方式下不同周期来压步距之间的规律比较。

　　不同垮落方式同种垮落步距之间的垮落规律也不同，具体分析如下：当工作面顶板一次同时全部垮落时，对瓦斯影响最大，瓦斯在 xyz 三个方向的运移时间最长，路程最大，运移轨迹中 xyz 方向的最大位移值也是最大的；其次，接近于回风巷口的两块顶板一起垮落时，对瓦斯影响较大，瓦斯运移时间相对较长，路程相对较大，运移轨迹中 xyz 方向的最大位移相对较大；再次，邻近回风巷口的顶板单独先垮和单独后垮（即图 4-1（a）中的 A 块顶板），两者比较时，各比较指标基本相同，但与 A、B、C 三块顶板同时垮落和 A、B 块顶板先垮落的方式相比较而言，是有区别的，即瓦斯运移程度相对缓和，最大位移量相对减小。

原因分析：当采空区顶板同时全部垮落时，压缩整个采空区顶板下的全部空间，对瓦斯产生的冲击压力比较大，使瓦斯获得较大的能量，产生较大的速度，开始有规则的多方向的运动。当顶板不同步垮落时，如 A 块顶板先垮（A、B、C 三块顶板前面已做说明）则受顶板影响的瓦斯气流范围小，瓦斯所受到的压缩程度较弱，其可移动的空间增大，所以受到的挤压小，挤压过程中获得的能量少，各个方向的速度相对减小。而且各个方向的速度之间还存在相互影响或者抵消的现象。另外需要指出的是，A 块先垮与 B、C 块先垮形成的顶板上覆负压区的位置不同，所以回风巷侧瓦斯在 y 轴向的运动方向是不同的。A 块顶板先垮时形成的上覆空间小，负压区小，所以仅在回风巷口看到瓦斯有从侧向绕过顶板进入上述负压区的现象；当 B、C 块先垮时，在进风巷口附近形成的负压区较大，瓦斯绕过顶板从侧向进入负压区的现象明显。而对于 A、B 块同时垮落的情况而言，趋势与同时全部垮落基本一致，但是各项对比指标的峰值还略有差别，主要是因为 A、B 块所覆盖的是工作面中上部的全部范围，囊括了几乎全部能对回风巷口瓦斯气流运移产生影响的范围。因此，C 块是否垮落虽然对回风巷口略有影响，但是影响不大，即回风巷口采空区窒息带范围内瓦斯在顶板垮落过程中主要运移规律是由靠近回风巷口的上方顶板的垮落状态所决定的，工作面中部以下背离回风巷口的顶板垮落状态对回风巷侧采空区窒息带的瓦斯运移影响不大。

4.4.2　弱渗流区

4.4.2.1　在 x 轴方向

现象及结论：实验中，在 10m、15m、20m、25m 这四种周期来压步距情况下，瓦斯在 x 轴方向的位移变化所呈现的趋势基本一致，但是也存在不同顶板垮落方式时瓦斯运移规律不同的现象。虽然周期来压步距不同，但是在 x 轴方向上均出现正方向运动和负方向运动，而且负方向的运动呈现碰撞后反向的现象。但是在往返的现象中 Δ 值（变化量）不同和出现最大的 Δ 值时，顶板垮落方式不完全一致。同时，与窒息带情况相比，负向位移的最大值比窒息带内的瓦斯位移要大，而经过碰撞反向后的正向位移最大值比窒息区小。

原因分析：基本趋势中所对应的基本原理类似与前述的窒息带内 x 轴方向瓦

斯运移的原理。同样是顶板，在重力作用下，垮落后扰动瓦斯，使其流场发生变化。伴随着顶板垮落对气体冲击角度的不同，瓦斯运移方向也不同。但是考虑到弱渗流区相对窒息区而言，更靠近工作面，距离采空区更远，因此，在运移的坐标数值上会有所不同，但是运动轨迹大体一致。还有一个原因是，顶板垮落时，在采空区侧的自由端下落到底板时，速度最大，而嵌入煤体的另一端只是发生了回转，速度很小，因此，在自由端下落到底板位置时，底板位置附近的瓦斯受到的干扰最大。伴随着从自由端向悬臂端速度的减小，瓦斯所受的干扰也减小，在弱渗流带内瓦斯呈现了两种运动方向，既有向采空区侧的运动，也有沿工作面推进方向的运动。

特殊现象：对于周期来压步距为15m时，未垮落顶板在采空区侧的自由端在底板上的投影恰好处于弱渗流区内；当15m长的来压步距时，对弱渗流区瓦斯的影响是在 x 轴方向上做沿工作面推进方向移动的单向运动。

4.4.2.2　在 y 轴方向

在 y 轴方向所呈现的规律与窒息带规律基本一致，即出现往返运动，但是往返运动也是限定在某一特定的分布带内进行，此分布带的范围略小于窒息带，是在初始位置两侧 y 方向上正向和负向2~3个计量单位所限定的范围内做往返运动或单向运动。

原因分析：y 方向的运动主要受到两个因素的影响，一个是顶板干扰瓦斯流场产生侧向（与工作面平行的方向）的速度，另一个受到了指向采空区瓦斯气流与采空区冒落矸石发生碰撞后反向（垂直于工作面的方向）运动时的气流影响。在这两个因素的综合影响下，产生了上述的运移轨迹。

4.4.2.3　在 z 轴方向

瓦斯运移轨迹先下降，达到最大值后再上升。但是下降后的幅度较窒息带有相对减小的趋势，特别是在周期来压步距为10m和25m时，而对周期来压步距为15m和20m时的情况相对减小得不大。

原因分析：对于整体运动规律而言，弱渗流区的瓦斯在 z 轴方向运动和窒息区的原理基本一致，不做详细阐述。对于周期来压步距为10m和25m时，未垮落前悬臂状态自由端的边缘竖直投影不在弱渗流区内，10m时在强渗流带内，25m时在窒息带内，所以在垮落后对弱渗流带瓦斯气流影响相对较小；而在15m和20m时，顶板边缘的投影在弱渗流带内，垮落后对弱渗流带的瓦斯产生的冲击较大。

需要指出的是，A、B、C 三块顶板的不同垮落方式对回风巷口弱渗流带内瓦斯运移相比较窒息带时，影响减小，所反映的规律基本一致，即 A、B、C 三块顶板同时垮落与 A、B 同时垮落时，在 xyz 三个方向的瓦斯运移情况基本一致。而 A 先垮落与 A 后垮落的区别主要是体现在 y 轴方向的运移情况，对于 x 轴和 z 轴方向，两者的区别不大。

4.4.3　强渗流带内

现象及结论：在这一带内的瓦斯运移情况没有随周期来压步距的变化而产生明显的变化，而是呈现较为一致的规律，即在 x 轴方向瓦斯运移呈现单方向运移的情况，有别于窒息带及弱渗流带内的瓦斯往返运移的情况。y 方向的瓦斯运移则是由于受到了巷道壁面、支柱及煤体的影响，运移分布带范围相比较其他窒息带和弱渗流带明显减小，在初始位置正向和负向的 $1\sim2$ 个计量单位所限定的范围内运动。z 方向上的运动规律相比较其他两个带而言，运动趋势还是基本相同的，但是向下方（即从顶板指向底板的方向）运动的最大移动量明显减小。

原因分析：由于强渗流带的范围距离采空区相对较远，离煤体较近，比较接近垮落顶板嵌入煤体的非自由端位置，而自由端投影位置在强渗流带之外，位于强渗流带内的顶板在底板上的投影距离煤壁较近。此处垮落不充分，速度小，而且速度单向，即垂直于顶板指向下方底板，因此顶板垮落对弱渗流带内的瓦斯干扰相对较弱，导致瓦斯运移呈现了单向范围小、速度小的特点。

对于顶板的不同垮落方式的实验表明，不同垮落方式对强渗流带瓦斯的运移影响不大，对瓦斯爆炸的影响不大，所以不做细致的说明。

4.5　瓦斯运移过程中浓度变化及与火点相遇的情况

根据第 3 章中采空区三带的划分的相关知识，可知自煤壁向采空区方向的 $6\sim10\mathrm{m}$ 的范围是弱渗流带，在该区域内遗留的煤炭，具备了火源、氧气、聚热温度三个自燃条件，能够产生明火，给瓦斯爆炸提供了火源因素；再者弱风流带的氧气浓度满足了爆炸所需氧气，只需要确定瓦斯运移过程中能否在浓度为 $5\%\sim16\%$ 时与火源相遇即可。下面结合实验部分具体分析。

4.5.1　在窒息带内

当周期来压步距为 10m 时，如果顶板同时垮落，窒息带内的瓦斯会先向采空区方向移动，与矸石碰撞后反弹，反弹后朝向煤壁运动，运动过程中会到达弱渗流带，能够与火源相遇。而且瓦斯浓度在由采空区向煤壁方向运动的过程中，浓度也是不断减小的，是可能降低到 5% ~ 16% 范围内。因此，在窒息带 10m 来压步距时，顶板垮落可能会导致瓦斯与火源点相遇，产生瓦斯爆炸。

当周期来压步距为 15m 时，顶板的垮落使得瓦斯向单一方向运动，虽然是单一方向的运动，但方向是朝向煤壁的，且均能移动至弱渗流带内与火源点相遇，可能会产生瓦斯爆炸，并且由于瓦斯单一方向运动，发生瓦斯爆炸的概率较大。

当周期来压步距为 20m 时，不管顶板垮落方式如何，瓦斯均是先向采空区运动，反弹后到达火源点，有机会与火源点相遇，可能产生瓦斯爆炸。

当周期来压步距为 25m 时，只有当顶板全部垮落和 A、B 两块顶板先垮落、C 块顶板后垮落时，才能导致瓦斯先向采空区方向运动，后向煤壁方向运动，而且朝煤壁方向的运动可以达到弱渗流带内，适宜浓度的瓦斯有机会与火源相遇，产生瓦斯爆炸；而 A 块顶板先垮、B、C 块顶板后垮和 B、C 块顶板先垮、A 块顶板后垮的两种顶板垮落方式，使得瓦斯先向煤壁方向运动，后向采空区方向运动，向煤壁方向的运动可以到达弱渗流带，有可能与火源点相遇而产生瓦斯爆炸；但是在反弹后向采空区方向运动的过程中，不能再与火源点相遇产生瓦斯爆炸（因为此时瓦斯是在垮落顶板上方进行的反弹，而火源是在顶板下方，所以两者不能再相遇）。

4.5.2　弱渗流带

当 10m 周期来压步距时，顶板 A、B、C 三块同时垮落，及 A、B 块顶板先垮、C 块后垮时，瓦斯会先向采空区运动，与后方堆积矸石发生碰撞后，反向朝工作面运动。运动过程中能够到达弱渗流带，但仅仅是到达窒息带与弱渗流带的交界区域，不能到达完整的弱渗流带，因此与火源点相遇的几率减小，瓦斯爆炸的几率同样也减小。

当 15m 周期来压步距时，四种顶板垮落方式均造成瓦斯的往返运动，但是在运动过程中所达到的范围均是在弱渗流带内，因此适宜爆炸浓度的瓦斯在弱渗流带中 15m 长悬空顶板垮落时，瓦斯与火源点相遇的几率较大，进而产生瓦斯爆炸的几率较大。

当周期来压步距为 20m 时，四种顶板垮落方式均造成瓦斯先向采空区运动后折返向煤壁方向运动，但是折返后向煤壁方向的运动仅是停留在窒息带内，不能达到弱渗流带。此范围内顶板垮落时，不会造成弱渗流带瓦斯爆炸。

当周期来压步距为 25m 时，四种垮落方式对弱渗流带瓦斯的影响基本一致，即先向采空区做幅度很小的运动，而后再向煤壁方向做较大幅度的运动，并且不管是小幅度运动还是较大幅度运动，整个运动过程都是在弱渗流带内进行。所以，适宜爆炸浓度的瓦斯与火源相遇的概率较大，易发生爆炸。

4.5.3　在强渗流带内

四种周期来压步距呈现的规律基本是一致的，且每种来压步距条件下的四种顶板垮落方式呈现的规律也是基本一致的，即在上述 16 种顶板垮落形态下，强渗流带瓦斯均是朝向工作面方向运动的[42]。在这个运动过程中，所历经的区域没有火点，不可能与火点相遇，所以不会发生瓦斯爆炸。

4.6　本章小结

本章主要介绍了自行研制的实验室相似模型实验台，以及用模型进行的对于采空区老顶垮落时，对瓦斯流场的影响的实验。做了不同周期来压步距和不同顶板垮落方式下的 144 次有效的模拟实验，最终取得了大量的数据。通过对数据的整理归纳、线性处理，分析得出了以下主要结论：

（1）不同的顶板垮落方式对于采空区瓦斯的影响是不同的。当采空区上方的所有顶板同时垮落时，对采空区的冲击最大，整个采空区瓦斯所受的干扰最大，气流的冲击力度大，运动持续时间长，能量消耗殆尽得晚。其次是自工作面中部至回风巷上方的顶板垮落对回风侧采空区的瓦斯影响较大，而对于进风巷侧的瓦斯运移影响不大。同样，对于远离回风巷口，距离进风巷比较近的顶板是否垮落以及垮落形态对回风巷侧的瓦斯影响不大，主要影响进风巷侧。

（2）不同周期来压步距时，对采空区瓦斯的影响是不同的。但是并没有呈现随着周期来压步距的增大，影响程度也增大的规律，而且在三带中也存在着不同的规律；同时，其对瓦斯流场的方向造成的影响也是不相同的，在周期来压步距为 15m 时，出现了特殊现象，这种情况下不存在往返运动，在渗流带仅仅是对瓦斯的移动影响出现了单向运动的情况。主要是因为在 15m 时，未垮落顶板的边缘在未垮落时的投影刚好在三带中的弱渗流带内。

（3）当同种周期来压时，三带中的瓦斯运移是不同的，对三带中瓦斯的运移方向和在 xyz 三轴方向的运移峰值的影响也不同。在窒息带内，瓦斯运移呈现双向的往返运动，而且运动强度较大；在弱渗流带中，瓦斯运移除在 15m 来压步距时表现为单向运动外，其他来压步距表现为往返运动，运动强度相对较大；而在强渗流带，则表现为一致的运动方向，均由采空区朝向煤壁方向运动。

（4）对于瓦斯能够在弱渗流带的火源点位置多次往返运移或者经过的情况，则可以说明这些运移的瓦斯被火源点燃，能够产生瓦斯爆炸的概率较大。如果不能在火源点附近运移，则不具有爆炸三个条件中的火源条件，所以不能产生爆炸。由于不能与火源相遇，所以对于窒息区的瓦斯，如果只是向采空区方向运动，那么不会产生瓦斯爆炸；同样，对于强渗流带内瓦斯，只是向煤壁方向运动，也不会与火源相遇，不能产生瓦斯爆炸。

5 顶板垮落时采空区瓦斯移动规律数值模拟

5.1 FLUENT 软件及其功能介绍

FLUENT 是 Fluent 公司经过多年研究开发改进的一种功能强大、广泛适用于工程计算的流体力学（CFD）软件，是目前市场上占有率最大的 CFD 软件包，用来模拟从不可压缩到高度可压缩范围内的复杂流动。只要是涉及流动、传热、化学反应等的工程问题，都可以用 FLUENT 来进行分析[38]。

对于所有的流动模拟，FLUENT 都是解质量和动量守恒方程（N-S 方程）。对于包括热传导或可压性的流动，需要解能量守恒的附加方程，其数值解法采用了有限体积法。

5.1.1 Fluent 软件结构

FLUENT 程序软件包由以下几个部分组成[39]：

（1）GAMBIT——整个 FLUENT 程序软件包的前处理器，用于建立几何结构和网格的生成。本研究主要是用此软件生成计算区域网格图，其程序界面如图 5-1 所示。

（2）FLUENT——FLUENT 软件包中进行模拟运算的主程序，用于进行流动模拟计算的求解器。FLUENT 控制台如图 5-2 所示，它是控制程序执行的主窗口。用户和控制台之间有两种交流方式，即文本界面（TUI）和图形界面（GUI）。

（3）prePDF——用于模拟 PDF 燃烧过程。

（4）TGrid——用于从现有的边界网格生成体网格。

（5）Filters（Translations）——转换其他程序生成的网格，用于 FLUENT 计算。

除此之外，可以接口的程序包括：ANSYS，I-DEAS，NASTRAN，PATRAN等。

利用 FLUENT 软件进行流体流动的模拟计算流程如图 5-3 所示。首先利用

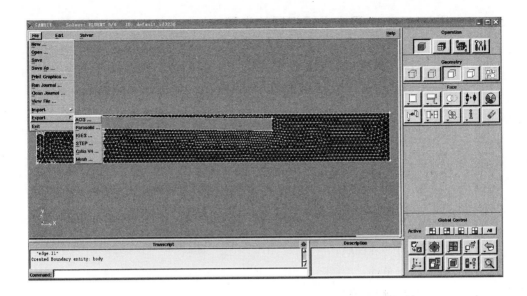

图 5-1 GAMBIT 程序界面

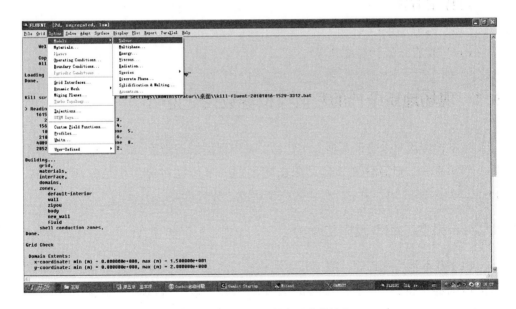

图 5-2 FLUENT 控制台及菜单按钮

GAMBIT 软件进行流动区域几何形状的构建、边界类型以及网格的生成，并输出用于 FLUENT 求解计算的格式；然后利用 FLUENT 求解器对流动区域进行求解计算，并进行计算结果的后处理。

5.1.2 用 FLUENT 程序求解问题的步骤

应用 CFD 建立模型和求解的步骤如下[40]：

（1）创建几何结构的模型以及生成计算网格；

（2）运行合适的解算器；

（3）读入网格；

（4）检查网格；

（5）选择解的格式；

（6）选择所需解的基本模型方程；

（7）确定所需要的附加模型；

（8）指定材料物理性质；

（9）输入边界条件；

（10）调节解的控制参数；

（11）初始化流场；

（12）计算解；

（13）检查结果；

（14）保存结果，后处理等。

5.2 现场地质条件的数值模拟参数设计说明

基本顶垮落对采空区瓦斯产生扰动，基本顶的周期垮落步距不同，对强渗流区、弱渗流区、窒息区瓦斯运移的影响不同。本研究对垮落步距分别为 10m、15m、20m、25m 时，采空区瓦斯运移规律进行数值模拟。

5.2.1 采空区模型及网格划分

由于基本顶垮落迅速，假设矸石堆积区与离层区无物质交换，沿工作面推进方向做剖面，得到长 15m、高 2m 的计算区域。利用 FLUENT 的前处理软件 Gambit 建立采空区瓦斯流场二维网格。网格划分的好坏直接影响数值计算的精度和收敛速度。本模型采用非结构化网格划分技术，能自动生成三角形网格并且在局部复杂结构区域细化。根据不同区域的结构需要，将工作面部分划分 2852 个网格单元，如图 5-3 所示。

图 5-3　模型网格划分

5.2.2　瓦斯流动的 FLUENT 数学模型

计算区域内的流体主要是瓦斯空气的混合气体，按可压缩牛顿流体来考虑，以下讨论 FLUENT 模拟预测中数学模型的选用。

（1）连续性方程。

在直角坐标系中牛顿流体的连续方程可写做：

$$\frac{\partial \rho}{\partial t} + \frac{\partial (\rho u_j)}{\partial x_j} = 0 \tag{5-1}$$

（2）运动方程。

在直角坐标系中牛顿流体的运动方程可写做：

$$\frac{\mathrm{D} u_i}{\mathrm{D} t} = f_i - \frac{1}{\rho}\frac{\partial p}{\partial x_i} - \frac{1}{\rho}\frac{\partial}{\partial x_i}\left(\frac{2}{3}\mu\frac{\partial u_j}{\partial x_j}\right) + \frac{1}{\rho}\frac{\partial}{\partial x_j}\left[\mu\left(\frac{\partial u_i}{\partial x_j} + \frac{\partial u_j}{\partial x_i}\right)\right] \tag{5-2}$$

（3）本构方程。

在斯托克斯假设（容积黏性系数 $\mu' = 0$）条件下，牛顿流体本构方程的简化形式为：

$$P_{ij} = -p\delta_{ij} + 2\mu\left(S_{ij} - \frac{1}{3}S_{kk}\delta_{ij}\right) \tag{5-3}$$

式中　　$-p\delta_{ij}$——热力学压强；

　　　　$2\mu S_{ij}$——由运动流体变形率引起的黏性应力，即偏应力张量；

　　　　S_{kk}——流场的散度，即 $\nabla \cdot \boldsymbol{u}$。

（4）能量方程。

直角坐标系中黏性流体的能量方程为：

$$\frac{\mathrm{D}}{\mathrm{D} t}\left(e + \frac{u^2}{2}\right) = f_i u_i + \frac{1}{\rho}\frac{\partial}{\partial x_i}(P_{ij} u_j) + \frac{\partial}{\partial x_i}\left(\lambda\frac{\partial T}{\partial x_i}\right) + \dot{q} \tag{5-4}$$

$$\begin{array}{ccccc} \uparrow & \uparrow & \uparrow & \uparrow & \uparrow \\ \text{总能量的} & \text{质量力} & \text{表面力做功} & \text{传导热} & \text{生成热} \\ \text{增长率} & \text{做功} & & & \end{array}$$

5.2.3　动网格设置

5.2.3.1　简介

动网格模型可以用来模拟流场形状由于边界运动而随时间改变的问题。边界的运动形式可以是预先定义的运动，即可以在计算前指定其速度或角速度；也可以是预先未作定义的运动，即边界的运动要由前一步的计算结果决定。网格的更新过程由 FLUENT 根据每个迭代步中边界的变化情况自动完成。在使用动网格模型时，必须首先定义初始网格、边界运动的方式，并指定参与运动的区域。可以用边界型函数或者 UDF 定义边界的运动方式。

由于需要模拟基本顶垮落过程对瓦斯流场的影响，因此要设定移动边界，需要使用动网格模型。通过 UDF 定义运动边界（基本顶）的角速度，可以近似模拟基本顶的下落过程。

5.2.3.2　动网格更新方法

动网格计算中网格的动态变化过程可以用三种模型进行计算，即弹簧近似光滑模型（spring-based smoothing）、动态分层模型（dynamic layering）、局部重划模型（local remeshing）。

A　弹簧近似光滑模型

原则上弹簧光顺模型可以用于任何一种网格体系，但是在非四面体网格区域（二维非三角形），最好再满足下列条件：

（1）移动为单方向；

（2）移动方向垂直于边界。

如果两个条件不满足，可能使网格畸变率增大。另外，在系统缺省设置中，只有四面体网格（三维）和三角形网格（二维）可以使用弹簧光顺法。

B　动态分层模型

动态分层模型的应用有如下限制：

（1）与运动边界相邻的网格必须为楔形或者六面体（二维四边形）网格；

（2）在滑动网格交界面以外的区域，网格必须被单面网格区域包围；

（3）如果网格周围区域中有双侧壁面区域，则必须首先将壁面和阴影区分割开，再用滑动交界面将两者耦合起来；

（4）如果动态网格附近包含周期性区域，则只能用 FLUENT 的串行版求解，但是如果周期性区域被设置为周期性非正则交界面，则可以用 FLUENT 的并行版求解。

C　局部网格重划模型

要特别提出的是，局部网格重划模型具有相当的局限性，仅能用于四面体网格和三角形网格的计算。在定义了动边界面以后，如果在动边界面附近同时定义了局部重划模型，则动边界面上的表面网格必须满足下列条件：

（1）需要进行局部调整的表面网格是三角形（三维）或直线（二维）；

（2）将被重新划分的面网格单元必须紧邻动网格节点；

（3）表面网格单元必须处于同一个面上并构成一个循环；

（4）被调整单元不能是对称面（线）或正则周期性边界的一部分。

模型采用的是二维三角形网格划分，且计算区域变形较大，为保证网格拓扑始终不变和计算精度，本次模拟采用弹簧近似光滑模型和局部网格重划模型进行网格更新。

5.2.3.3　设定动网格参数

激活弹簧光顺模型，弹簧弹性系数（Spring Constant Factor）设为 0.5，边界点松弛因子（Boundary Node Relaxation）设为 0.5。激活局部网格重划模型，设置与局部重划模型相关的参数：最大畸变率设为 0.05，最大和最小长度尺寸均设为 0.01。网格重划情况如图 5-4~图 5-9 所示。

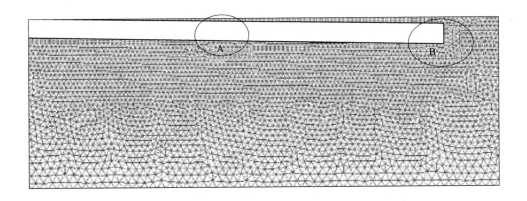

图 5-4　初始网格状态

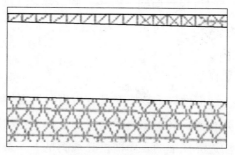

图 5-5   A 部分放大

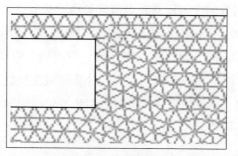

图 5-6   B 部分放大

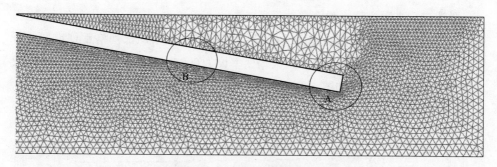

图 5-7   0.05s 时网格状态

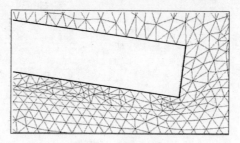

图 5-8   A 部分放大

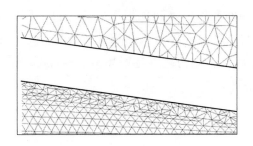

图 5-9 B 部分放大

5.3 模拟过程及结果

由前面的分析可知，弱渗流带位于距煤壁 6～10m 的范围内，该区具有自燃发火的条件。在该区内的瓦斯，如果浓度达到爆炸范围，就会发生爆炸。由于基本顶的周期性垮落步距不同，所以弱渗流带及其相邻区域的瓦斯运移的规律也不同，现选择周期垮落步距分别为 10m、15m、20m、25m，对采空区瓦斯的流场进行数值模拟。

在利用 FLUENT 软件进行数值模拟实验之前，需要对采空区气体流动做一些基本假设：

（1）采空区气体为瓦斯空气混合气体，按理想气体进行模拟；

（2）矸石堆积区与离层区无气体交换，计算区域下边界按固壁边界条件处理；

（3）忽略气体的扩散作用，忽略与采空区周围的热量交换，采空区壁面等温。

实验中顶板的垮落时间为 0.05s，观测顶板垮落后的时间为 0.2s。

5.3.1 10m 垮落步距瓦斯流场数值模拟

在基本顶周期垮落步距为 10m 条件下，采空区瓦斯流场的速度模拟如图 5-10～图 5-14 所示。

5.3.1.1 弱渗流区瓦斯运移情况

如图 5-14 所示，基本顶垮落瞬间（图 5-14a），基本顶下部瓦斯受到挤压，分别向煤壁方向和采空区方向移动，但很快就会转向，向采空区侧移动。接近基本顶远端的瓦斯回旋到顶板上方，经过一段时间的气体补充，顶板上方空间逐渐饱和，继而反弹，与弱渗流区瓦斯汇合，在顶板远端产生涡流（图5-14b）。之后，涡流的范围逐渐增大，波及窒息区（图5-14c、图5-14d）。

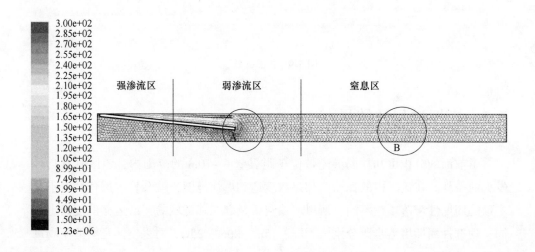

图 5-10　10m 来压步距时速度矢量

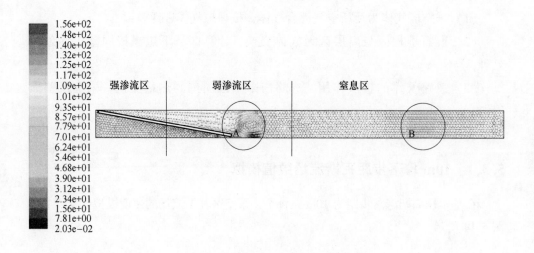

图 5-11　10m 来压步距垮落瞬间

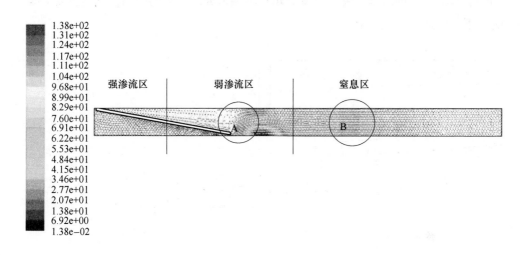

图 5-12   10m 来压步距顶板垮落后 0.1s

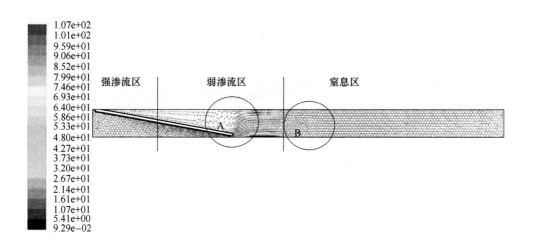

图 5-13   10m 来压步距顶板垮落后 0.2s

5.3.1.2 窒息区瓦斯运移情况

如图 5-15 所示，由于顶板的垮落，顶板上方空间增大，产生负压，使得周围气体向顶板上方运移（图 5-15a），补充气体的来源主要是采空区浅部的气体。窒息区受到顶板对气流的扰动，起初表现为气流的往返波动（图 5-15a、图 5-

15b），经过一定的时间，窒息区受到顶板远端形成的涡流的影响，气体主要表现为上下对流运动（图5-15c）。

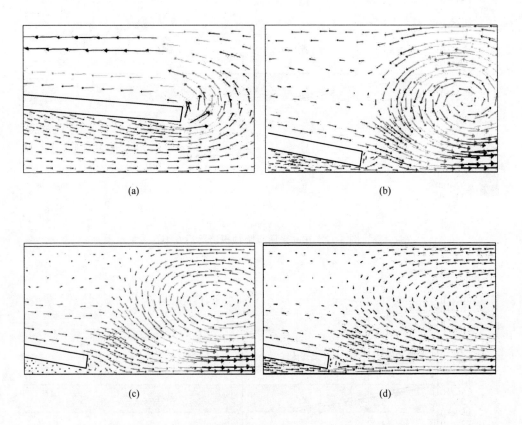

图 5-14 10m 步距弱渗流区（A 区）局部放大

5.3.1.3 强渗流区瓦斯运移情况

基本顶垮落过程中，强渗流带的瓦斯受到顶板的挤压涌向采场。顶板垮落后，由于离顶板远端较远，回流现象不明显。强渗流带受到的扰动较小，不同周期来压步距下的顶板对瓦斯的影响是一致的，造成的瓦斯运动方向均是向着煤壁方向运动的，在之后的模拟中不做讨论。

5.3.2 15m 垮落步距瓦斯流场数值模拟

基本顶周期垮落步距为 15m 条件下，采空区瓦斯流场的速度矢量如图5-16~图5-19所示。

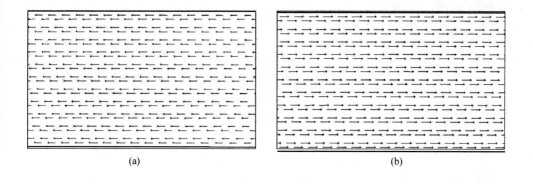

图 5-15 10m 步距窒息区（B 区）局部放大

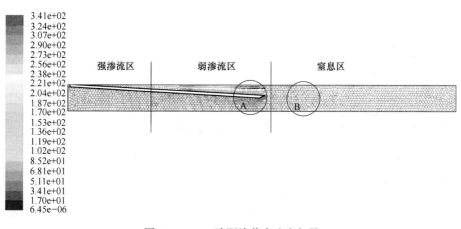

图 5-16 15m 跨距垮落中速度矢量

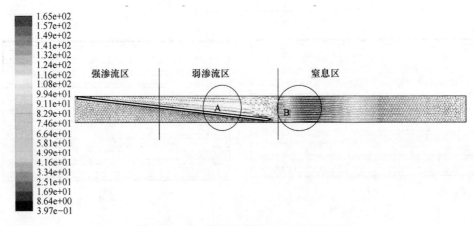

图 5-17　15m 垮距垮落后 0.05s 速度矢量

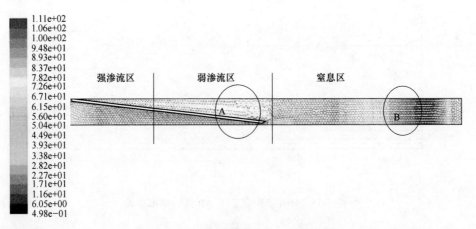

图 5-18　15m 垮距垮落后 0.1s 速度矢量

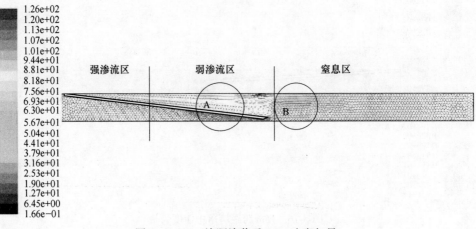

图 5-19　15m 垮距垮落后 0.2s 速度矢量

5.3.2.1 弱渗流区瓦斯运移情况

从图 5-20 中可以看出，基本顶垮落时（图 5-20a），补充上方原基本顶位置的气体主要来自于顶板下方的弱渗流带。由于顶板的扰动，使得顶板上方与顶板下方弱渗流带的压差大于顶板上方与窒息区的压差，又因为弱渗流带的位置距离顶板远端较近，所以弱渗流带的气体绕过顶板远端，在煤壁上方的负压空间向煤壁方向流动。经过一段时间，顶板上方气体部分沿下部折返（图 5-20b、图 5-20c），上壁面的气流方向始终是朝向煤壁的。

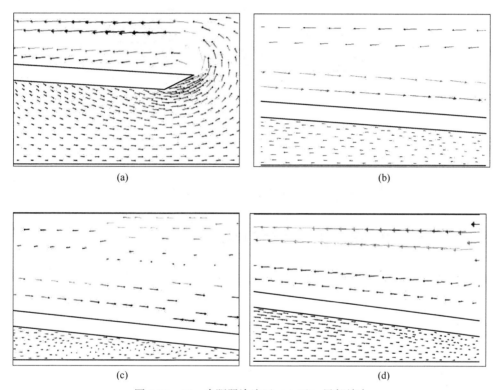

图 5-20　15m 步距弱渗流区（A 区）局部放大

5.3.2.2 窒息区瓦斯运移情况

从图 5-21 中可以看出，基本顶垮落后，在负压作用下，窒息区有少量气体补充顶板上方空区（图 5-21a）。随着顶板垮落，顶板越来越接近下壁面，弱渗流带的补充源逐渐减小。顶板垮落后，窒息区的气体成为了顶板上方空区的唯一气体来源。因为流动区域内气体具有可压缩性，在顶板上方负压这一初始动力影响下，窒息区内气体流场体现为前后波动（图 5-21b），并有形成涡流的趋势（图 5-21c）。

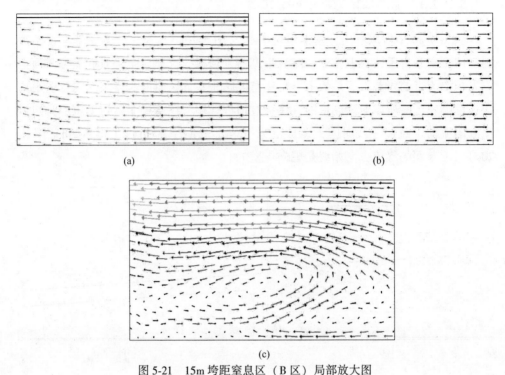

(a)

(b)

(c)

图 5-21   15m 垮距窒息区（B 区）局部放大图

5.3.3   20m 垮落步距瓦斯流场数值模拟

基本顶周期垮落步距为 20m 条件下，采空区瓦斯运移速度矢量如图 5-22~图 5-25 所示。

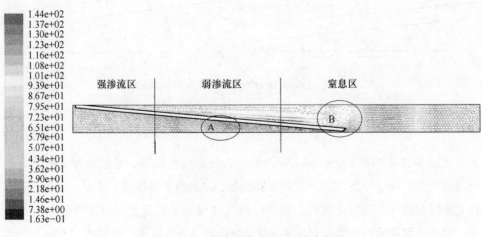

图 5-22   20m 垮距垮落后 0.05s 速度矢量

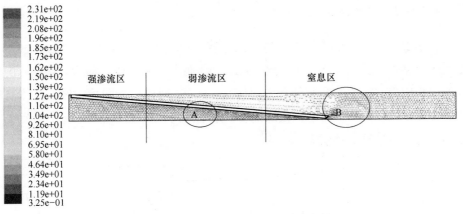

图 5-23　20m 垮距垮落后 0.1s 速度矢量

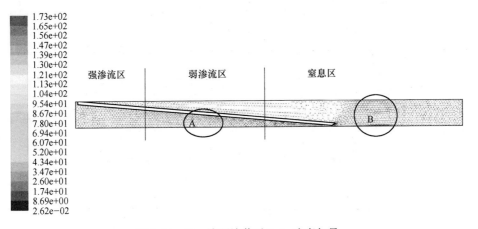

图 5-24　20m 垮距垮落后 0.2s 速度矢量

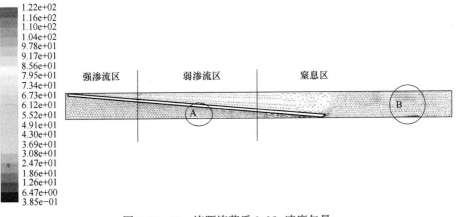

图 5-25　20m 垮距垮落后 0.25s 速度矢量

5.3.3.1　弱渗流区瓦斯运移情况

图 5-26（a）～（d）分别为基本顶垮落 0.05s、0.1s、0.2s、0.25s 时弱渗流带气体运移速度矢量。基本顶垮落 0.05s 时，弱渗流区气体流向指向煤壁；0.1s 时流向指向采空区；0.2s 时流向指向煤壁；0.25s 时流向指向采空区。气体流场的速度变化幅度较小。由于顶板的扰动，采空区内各位置的气体压力不断发生变化，从而诱使这种波动现象的产生。

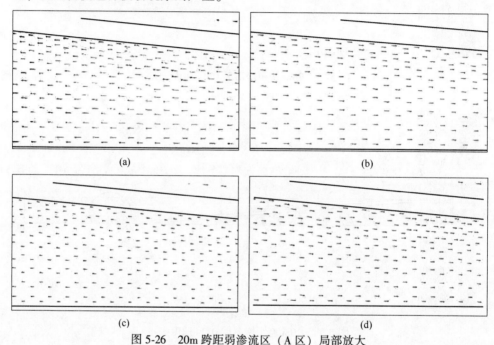

图 5-26　20m 跨距弱渗流区（A 区）局部放大

5.3.3.2　窒息区瓦斯运移情况

由图 5-27 可以看出，基本顶垮落时，窒息区内大量瓦斯涌入顶板上方空区（图 5-27a）。经过一段时间后，由于采空区气压下降，气体由顶板下方涌入窒息区，这部分气体与顶板上方反弹回来的气流混合，沿下壁面向采空区深部流动（图 5-27b），从而形成涡流，并逐步向采空区深部蔓延（图 5-27c、图 5-27d）。

5.3.4　25m 垮落步距瓦斯流场数值模拟

基本顶周期垮落步距为 25m 条件下，采空区瓦斯运移速度矢量如图 5-28～图 5-30 所示。

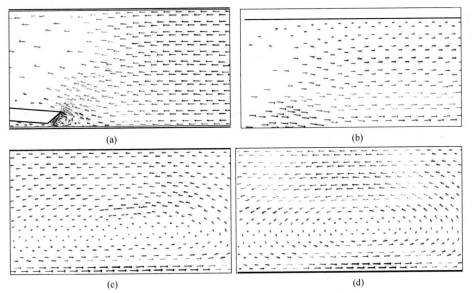

图 5-27 20m 垮距窒息区（B 区）局部放大图

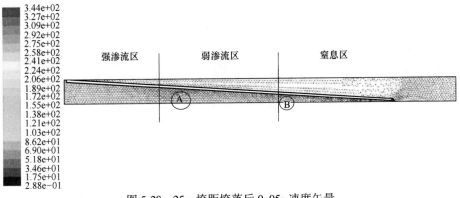

图 5-28 25m 垮距垮落后 0.05s 速度矢量

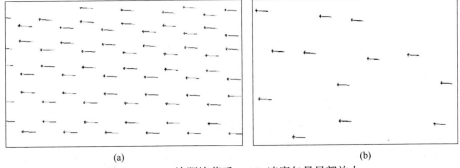

图 5-29 25m 垮距垮落后 0.05s 速度矢量局部放大

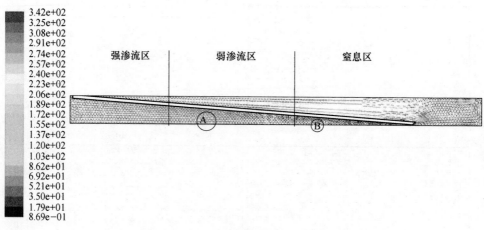

图 5-30　25m 垮距垮落后 0.1s 速度矢量

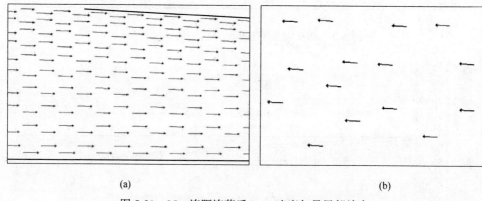

(a)　　　　　　　　　　　　　　　(b)

图 5-31　25m 垮距垮落后 0.1s 速度矢量局部放大

图 5-29（a）和图 5-31（a）分别为基本顶垮落 0.05s 和 0.1s 时弱渗流区瓦斯运移速度矢量图。当垮落步距为 25m 时，弱渗流区气体体现为往返流动。图 5-29（b）和图 5-31（b）分别为基本顶垮落 0.05s 和 0.1s 时窒息区瓦斯运移速度矢量图，窒息区浅部也体现为往返运动，在顶板远端形成涡流。

5.4　本章小结

　　本章主要介绍了 FLUENT 软件及相关运算方法，详细模拟了在四种周期来压步距情况下，采空区三带内的瓦斯流场的变化，着重分析了在基本顶垮落后的短暂时间内，采空区气体压力的升降变化导致的瓦斯气流方向和浓度的变化情况。通过这种方法，得出了与实验室相似模拟较为一致的结论。

6 结 论

本书立足老顶周期性垮落对采空区瓦斯流场的变化来分析采空区瓦斯爆炸的情况。先介绍了顶板垮落和瓦斯爆炸的机理和条件；之后分析了采空区三带的划分和瓦斯爆炸的火源情况，确定了位于弱渗流带内与两巷交叉位置的火源点，最后通过实验室模拟和数值模拟两种研究方法，对现场问题进行了模拟，得出了较为一致的结论：

（1）同种周期来压步距的顶板垮落，对采空区三带瓦斯流场的影响不同，主要体现在对瓦斯运动的方向和瓦斯流动速度的影响不同，以及瓦斯是否呈现方向变化的往返运动。

（2）不同种周期来压步距的顶板垮落，对同一分带内的瓦斯流场也不同，主要体现与第（1）点相同。而不同周期来压步距的顶板垮落对不同分带内的瓦斯运移速度及方向造成的影响程度更加剧烈。

（3）顶板垮落时，自由端位置附近的瓦斯速度是多样的，方向和大小都不一致。在未垮落时，如果自由端在底板水平面的投影落在了弱渗流区内，则瓦斯的运移具有特殊性。

（4）瓦斯在弱渗流带内运移的往返次数越多，与火源点相遇的几率就越大，产生瓦斯爆炸的几率就越大。

参 考 文 献

[1] 谭国庆，周心权，曹涛，等．近年来我国重大和特别重大瓦斯爆炸事故的新特点 [J]．专题论坛——防治瓦斯爆炸，2010：1~3.

[2] 李润求，施式亮，罗文柯．煤矿瓦斯爆炸事故特征与耦合规律研究 [J]．中国安全科学学报，2010（2）：69~70.

[3] 杨永辰．关于回采工作面采空区瓦斯爆炸机理的探讨 [J]．煤炭学报，2002（12）：636~638.

[4] 杨永辰．采煤工作面特大瓦斯爆炸事故原因分析 [J]．煤炭学报，2007（7）：734~736.

[5] 王家臣．顶板垮落诱发瓦斯灾害的理论分析 [J]．采矿与安全工程学报，2006（12）：379~382.

[6] 王家臣，王进学，沈杰，等．顶板垮落诱发瓦斯灾害的试验研究 [J]．采矿与安全工程学报，2007（3）：8~11.

[7] 李华敏．采空区顶板垮落与瓦斯涌出关系的模拟实验研究 [J]．煤炭工程，2007（11）：72~74.

[8] 李华敏．顶板周期来压与采场瓦斯涌出关系的研究 [J]．矿冶工程，2009（4）：65~67.

[9] 侯忠杰，谢胜华．采场老顶断裂岩块失稳类型判断曲线讨论 [J]．矿山压力与顶板管理，2002（2）：1~3.

[10] 邸有鹏，孟凡杰，张艳春．采空区勘察工作中"三带"的划分 [J]．西部探矿工程，2010（2）：107~108.

[11] 刘宗燕，纪洪广．采空区顶板垮落造成的冲击性灾害预测 [J]．西部探矿工程，2007（2）：101~105.

[12] 魏小文，刘妍，丁厚成．采空区瓦斯运移规律的相似实验与数值研究 [J]．中国矿业，2009（4）：114~115.

[13] 俞启香．矿井灾害防治理论及技术 [M]．北京：中国矿业大学出版社，2008：96~100.

[14] Almerinda DIBENEDETTO Paola RUSSO Ernesto SALZNO Gas Explosions Mitigation by Ducted Venting [J]. TurkishJ. Eng. Env. Sci. 2007（31）：255~363.

[15] 俞启香．矿井灾害防治理论及技术 [M]．北京：中国矿业大学出版社，2008：101~104.

[16] 李润之，司荣军．点火能量对瓦斯爆炸压力影响的实验研究 [J]．矿业安全与环保，2010（4）：14~16.

[17] Vigneault H, Lefebvre R, Nastev M. Numerical Simulation of the Radius of Influence for Landfill Gas Wells [J]. Soil Science Society of Amercia, 2004（3）：909~916.

[18] 周心权，吴兵．煤矿井下瓦斯爆炸的基本特性 [J]．中国煤炭，2002（9）：8~11.

[19] Xianfeng Chen, Yin Zhang, Qingming Zhang. Experimental investigation on micro-dynamic be-

havior of gas explosion suppression with SiO_2 fine powder ［J］. THEORETICAL & APPLIED MECHANICS LETTERSI, 2011, 3.

［20］马成军, 白利文, 申立华. 采空区自燃"三带"分布规律及影响因素分析 ［J］. 华北科技学院学报, 2008 (1): 24~26.

［21］邸有鹏, 孟凡杰, 张艳春. 采空区勘察工作中"三带"的划分 ［J］. 西部探矿工程, 2016 (6): 107~108.

［22］徐精彩, 邓军, 文虎. 采煤工作面采空区可能发火区域分析 ［J］. 西安矿业学院学报, 1998 (5): 13~16.

［23］Xu Yanhui, Xu Manguan. Discussion on some crucial problem of the sign gases for forecasting and predicting coal spontaneous combustion ［J］. Mining Safety & Environmental Protection, 2005 (1): 16~17.

［24］骆大勇, 张国枢. 采空区遗煤自然发火影响因素分析 ［J］. 煤炭技术, 2010 (12): 83~84.

［25］WEN Hu, XU Jing-cai, GE Ling-mei. Experimental simulation and numerical analysis of coal spontaneous combustion process at low temperature. JOURNAL OF COAL SCIENCE & ENGINEERING ［J］. 2001 (12): 61~66.

［26］杨永辰. 采煤工作面特大瓦斯爆炸事故原因分析 ［J］. 煤炭学报, 2007 (3): 734~736.

［27］Chuan Daixiang, He Yexin, Ju Dizhao. Detection the early spontaneous combustion of coal in the well using the ratio of alkanes ［A］. International mining safe meeting paper gathers ［C］. 1982: 229~237.

［28］Jose Antonio Henao M, Angelica Maria Carreno P. Petrography and application of the rietveld method to the quantitative anlysis of phases of natural clinker generated by coal spontaneous combustion ［J］. Earth sciences research journal, 2010 (7): 18~25.

［29］孙凯, 张建业, 卞朝东. 煤炭自燃特性试验与应用研究 ［J］. 煤矿安全, 2011 (7): 12~15.

［30］Luo Haizhu, Qian Guoyin. The research of the index gas of spontaneous combustion of kinds of coal ［J］. Coal Mine Safe, 1992 (5): 5~10.

［31］赵建华. 采空区瓦斯运移 3D 数学模型研究与应用 ［J］. 瓦斯地质基础, 1998 (3): 8~39.

［32］李晓红. 岩石力学实验模拟技术 ［M］. 北京: 科学出版社, 2007: 50~58.

［33］李晓泉. 采空区瓦斯运移规律研究 ［J］. 现代矿业, 2009 (3): 69~72.

［34］钟新谷. 老顶的断裂位置与顶板的反弹 ［J］. 湘潭矿业学院学报, 1995 (12): 47~50.

［35］许满贵, 林海飞, 潘宏宇. 综采采空区瓦斯运移规律及抽采研究 ［J］. 湖南科技大学学报, 2010 (6): 6~9.

［36］邢玉飞, 赵煜, 苏阳. 煤层瓦斯运移的模拟现状分析 ［J］. 科技信息, 2009 (13):

706~720.

[37] 王恩元，梁栋，柏发松 . 巷道瓦斯运移机理及运移过程的研究 [J]. 山西矿业学院学报，1996 (6)：130~135.

[38] 于勇，等 . FLUENT 入门与进阶教程 [M]. 北京：北京理工大学出版社，2008：1~2.

[39] 温正，等 . FLUENT 流体计算应用教程 [M]. 北京：清华大学出版社，2008：1~8.

[40] Qiu-qin LU，Guang-qiu HUANG. A Simulation of Gas Migration in Heterogeneous Goaf of Fully Mechanized Coal Caving Mining Face Based on Multi-components LBM [J]. International Conference on Environmental Science and Information Application Technology，2009 (48)：531.